Notes on Complexity

A Scientific Theory of Connection,
Consciousness, and Being

複雜之美

連結、意識與存在的科學

Neil Theise

尼爾・泰斯 ―― 著
甘錫安 ―― 譯

國內好評

《複雜之美》令我深深著迷。本書深入科學的探索，對生命深情凝視。泰斯以病理學家的細膩眼光，從顯微鏡下的人體組織走入宇宙；帶領我們穿越幹細胞、組織、生態系統，以及人類意識的研究。結合科學、宗教與藝術，理解看見萬象共舞的可能性。

——方偉達／台灣師範大學永續管理與環境教育研究所特聘教授、理學院副院長

這本書的精妙之處在於其優雅的簡潔性。泰斯將複雜的科學概念濃縮為支配所有生命系統的四個基本規則，從分子到生態系統皆然。最引人注目的是泰斯對於萬物並非真正分離這一觀點，透過觀察尺度的轉

換，展示了我們的邊界如何消解──我們不是孤立的存在，而是一個巨大互聯系統的表現形式。展示了數學定理和量子物理學如何與冥想傳統相呼應，驗證認知現實的直觀方式，讓我們體驗根本的相互連結性。

──李宣緯／美國理海大學健康學院助理教授

這是一本令人驚艷的科普作品。作者泰斯從螞蟻的行為、細胞的運作，到宇宙的秩序與混沌，引導讀者探索「整體大於部分總和」的複雜性法則。《複雜之美》跨越科學、哲學與宗教的邊界，讓我們以全新的視角，展開一趟知性與心靈兼具的旅程。

──林秀豪／清華大學特聘教授

作者在本書中為複雜科學提供了客觀、全面而且易懂的介紹，讀者可以受益不少。對量子力學與其他科學、意識、以及哲學，則提供了作者個人的思考，可供讀者作為參考。

──陳宣毅／中央大學物理系特聘教授、中央研究院物理所合聘研究員

國際讚響

這本不同凡響的書籍將改變我們對自己和宇宙的理解。它會賦予你力量。每個人都應該感謝泰斯對探索現實背後的科學所帶來的重大貢獻。

　　　　——喬布拉（Deepak Chopra）／
　　　　　醫學博士，喬布拉基金會創辦人

清晰明朗。

　　　　——波波娃（Maria Popova）／
　　　　　著《邊緣人》（The Marginalian）

清晰易懂……這部小巧的作品為我們提供了一個引人入勝的避世之所，帶我們進入令人振奮、又帶著不可

思議安心感的複雜世界。

——《華盛頓郵報》

令人嘆為觀止⋯⋯我們採訪過的人中，只有極少數人似乎能夠一眼洞悉整個世界的複雜性⋯⋯尼爾或許已經掌握了人們所能掌握的盡可能多的宏觀圖景。

——夏普德（Dax Shepard）／《扶手椅專家播客》（Armchair Expert Podcast）主持人

熱情而充滿說服力地展現了宇宙的廣大的內在聯繫⋯⋯一部令人振奮的作品。

——《柯克斯書評》

全面、睿智又溫暖地，探索複雜性、生命、心智和突現。大家都應該讀這本書，世界都會因為這本書而變得更好。

——考夫曼（Stuart Kauffman）／加拿大皇家學會院士，曾獲麥克阿瑟獎，著《秩序的起源》（The Origins of Order）

若你渴望瞭解現實的真實本質，一定要讀這本經典書籍。

——瑟曼（Robert Thurman）／美國哥倫比亞大學宗喀巴大師講座教授

引人入勝、扣人心弦、發人深省，《複雜之美》帶領我們深入細胞、飛出星系，讓我們深入理解自己從何而來的奧祕。這是一段迷人又引人深思的旅程，讓我心中充滿了驚奇。

——愛普斯坦（Mark Epstein）／醫學博士，著《療法的禪法》（*The Zen of Therapy: Uncovering a Hidden Kindness in Life*）

這本恰逢其時的著作邀請我們踏上一段改變人心的旅程，深入平常隱而不見的視角，看見複雜又互補的交互作用如何形構科學、藝術和宗教，啟發我們瞭解到自己的意識與創造力，和生命整體緊密合一。

——貝克（Ian A. Baker）／博士，著《世界之心》（*The Heart of the World*）

《複雜之美》為我們提供了一種看待生命和理解自身存在的全新視角。

　　　　──丹尼爾・C・馬特／著《上帝與大霹靂》（*God & the Big Bang*），譯《光輝之書：普利茲克版》（*The Zohar: Pritzker Edition*）

泰斯帶領我們穿過「閃著微光的複雜性網絡」，從子宮到強風吹拂的世界顛峰，讓我們完全瞭解所有地方和所有人。

　　　　──賽柏格（Maureen Seaberg）／著有《品味宇宙》（*Tasting the Universe*）

獻給我的先生馬克

同時致上最誠摯的感謝：

帶我踏上這些旅程的細胞小組，Peter Ride、Jane Prophet Mark d'Inverno 和 Rob Saunders

在禪修之路上指導我三十多年的 Village Zendo 住持 Roshi Enkyo O'Hara

他們的教導如同「兩箭在空中交會」。

目　次

國內好評	3
國際讚譽	5
作者的話	13

第一篇　複雜性

第一章　存在的科學	21
第二章　秩序、混沌，以及複雜性的起源	27
第三章　複雜性的規則以及相鄰可能	47

第二篇　互補性與全子系，或「沒有邊界的身體」

第四章　細胞層級：人類的身體和細胞	69
第五章　分子層次：細胞學說之外	83
第六章　原子層次：蓋亞	101
第七章　次原子層級：量子奇異性	109
第八章　最小的層次：時空和量子泡沫	125

第三篇　意識

第九章　意識的困難問題　　　　　　　　　141

第十章　維也納學派和科學經驗主義　　　161

第十一章　哥德爾和形式邏輯　　　　　　169

第十二章　形上學再度登場：基礎覺察　　197

後記　　　　　　　　　　　　　　　　　221

致謝　　　　　　　　　　　　　　　　　225

資料來源　　　　　　　　　　　　　　　231

參考書目　　　　　　　　　　　　　　　239

延伸閱讀　　　　　　　　　　　　　　　243

圖片來源　　　　　　　　　　　　　　　253

作者的話

從小時候開始,我就一直在蒐集關於世界的有趣事實和理論,把它們全都好好保存下來。我經常觀察各種事物,幫它們取名字,同時試圖瞭解它們,從不感到厭倦。最吸引我的概念全都來自科學,但宗教、歷史和藝術等其他想法也在我心中佔有一席之地。

長大之後,我開始對數學、地質學、天文學、現代物理和宇宙學產生興趣。這些科目能讓我們看到這個世界平常難以見到的一面。宗教也很吸引我,因為它探討無法言傳的領域。我不認為一個人必須在科學和宗教之間做出抉擇,所以也從來沒有傾向哪一方。

我在大學時選了雙主修,維持這個雙重路線。

其一是猶太學，以備哪天想去念拉比學校時可以派上用場。另一個主修是電腦科學，因為在 Fortran、COBOL 和打孔卡片的時代，電腦科學非常酷。此外我還副修醫學預科，因為我一直有個想法，就是醫學工作或許可以把我的科學興趣和心靈需求連結起來。以猶太神祕主義用語來說，它是 tikkun olam，也就是療癒世界的方法。

最後，我還是選擇了醫學這條路。但我沒有依照原先的想法，走入直接的臨床病患照護領域，反而喜歡坐在顯微鏡前，花幾個小時觀看診斷病理樣本（我常說這些樣本是「人的一小塊」），研究各色各樣的微小形狀和圖樣。每個樣本都是一道美麗的謎題，等待我們破解。最重要的是，這個專長讓我每天都有機會以科學的方式思考人類的身體。我不需要透過培養皿或小鼠來探究生物學，因為我有人類的組織和細胞可看。

後來我的臨床樣本促成了幾項研究，帶領我踏進變化十分迅速的幹細胞生物學領域。進入 21 世紀之後，我突然發現我的研究不是發表在以往的臨床醫學

期刊,而是《自然》(*Nature*)、《科學》(*Science*)和《細胞》(*Cell*)等著名的科學刊物上,受到國際學術界和媒體關注。

認識我的人雖然都知道我在做研究,但通常不知道實際細節。但突然間,大家都知道了這些細節,而且相當感興趣。

我朋友萊德(Peter Ride)也是其中之一,這位倫敦西敏大學的學術界同行對「視覺文化」很有興趣。他介紹我認識他的朋友普羅菲特(Jane Prophet)。普羅菲特是位視覺藝術家,她跟我談到複雜性理論,因此讓我走向始料未及的道路。

普羅菲特最著名的作品是科技圈(TechnoSphere)計畫,那時她對人類與電腦遊戲角色產生的情感連結產生了興趣。她和程式設計師塞利(Gordon Selley)合作建造了一個虛擬世界,邀請使用者進入這個世界,自己創造虛擬生物,選擇獨特的身體特徵和行為組合,例如這種生物是草食性還是肉食性等等。把每種生物放進科技圈後,它會「寫信回家」。我收到的電子郵件上面寫著:「今天我逃過肉食動物的追趕」、

「我交配了，有了一個小孩」、「我正在覓食」、「我被一隻肉食動物咬死了，這是最後的訊息」。

不過，等到科技圈裡有好幾千隻生物時，珍和戈登發現有些行為不是出自程式，而是在這些生物的互動中自然產生。舉例來說，草食性動物聚集成群，有時進入不容易走出的山谷中覓食。肉食性動物不只是一對一地攻擊和獵食草食性動物，而會聚集在山谷的開闊進出口，等著草食性動物吃完草準備離開。這時，肉食性動物衝向草食性動物群，大快朵頤一番，科技圈因此發生族群瓦解事件。覓食和獵食是自我組織的社會活動，也是生物個別行為的自然結果。

我和珍的工作就是在這種自我組織現象中產生了連結。當我告訴她幹細胞在體內四處遊走時，她想到這種細胞和科技圈裡的生物有許多共同點。在她解釋的過程中，她提到了複雜系統。她以蟻群當成例子，說明簡單的個別行為聚集起來，可能形成極端複雜的社為結構和活動，清楚生動地說明了複雜系統的神奇之處。

我從此踏進複雜性理論的領域＊。

除了珍貴的友誼，珍也讓我以新的方式理解世界。隨著我越深入研究，越是發覺自己多年來吸收的醫學、科學和宗教概念看似毫無關係，實際上卻以令人驚奇的方式彼此互補，形成完整的人類存在觀。在這個過程中，這些概念超越純粹的資訊，徹底改變了我的生活和理解自己的方式，以及如何理解人類的存在和所有存在的本質。複雜性理論成為了一門有關存在的科學。

從此以後，我經常在學術講座和為一般聽眾舉行的公開演講中提到這些新興概念。這些我所謂的「複雜性心得筆記」＊＊在許多聽眾心中激起好奇、驚訝，甚至某些醒悟；這些聽眾的身分相當廣泛，從小學五年級生到博士候選人、從醫療專業人士到研究科學家，從瑜珈老師到禪修學生都有。各種人都可以在這

＊ 原注：我們這個團隊後來擴大規模，數學家迪恩維諾（Mark d'Inverno）和電腦科學家桑德斯（Rob Saunders）也一起加入，持續探索這個領域。我們自稱為細胞小組（CELL Team）。

＊＊ 譯注：即本書原文書名「Notes on Complexity」。

些資訊中，找到自己存在的獨特意義——這讓我每次在這樣的交流後都感到十分高興。對我而言，許多人都能對這個理論產生共鳴，也證實了二十多年前我剛認識珍時體認到的一件事：複雜性理論提供了一個強力、同時細膩而深入的理解，協助我們瞭解現實的本質，以及我們這些有意識、有生命的生物在其中扮演的角色。

現在，為了感謝珍和許多人對我的教導，我也希望把這些概念獻給各位讀者。

第一篇

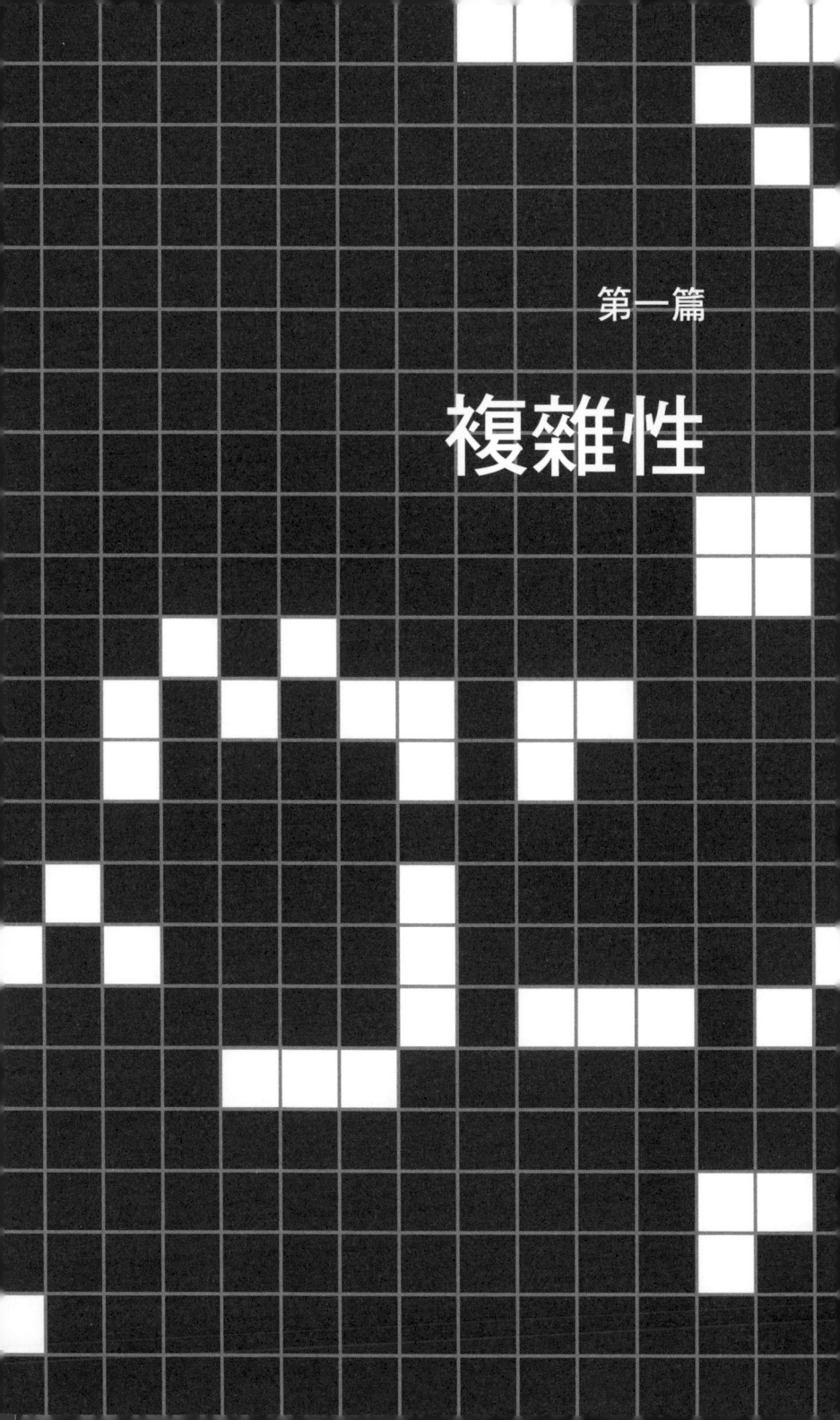

複雜性

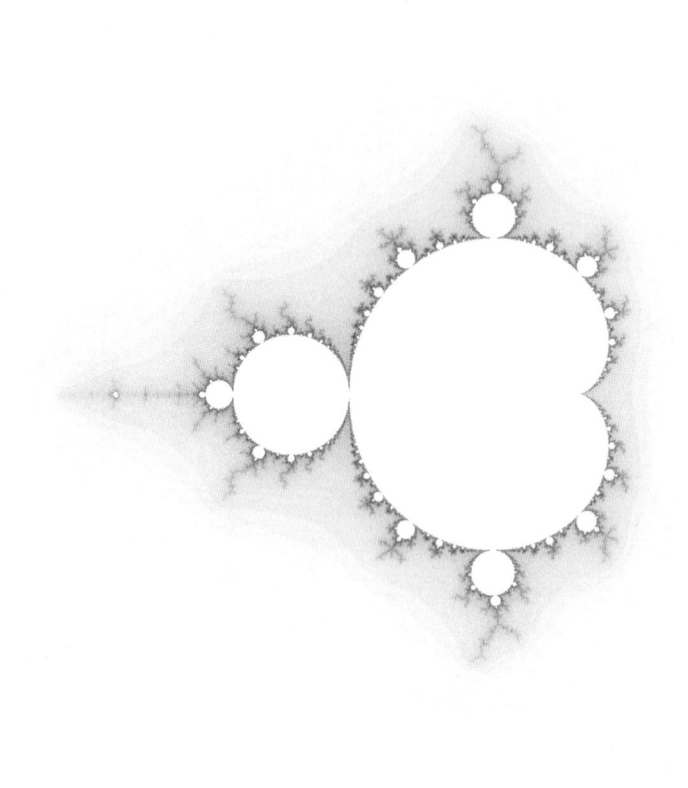

第一章

存在的科學

　　全宇宙最複雜的東西就是生物。無論是灼熱高壓、不見天日的海溝深處，或是冰天雪地的喜馬拉雅山最高峰，都有許多的微生物棲息。在兩者之間的天空、海洋和陸地，隨時隨地都有生物在活動。可以想見，生物將在地球上持續興盛數十億年，這期間會有更多種類的生物出現，變化將大到出乎我們的想像。

　　長久以來，生物如此豐富多元的複雜性一直是難以解釋的。生物的起源神祕難解，也無法得知接下來會出現什麼樣的生物奇蹟。如果要開始著手研究，就必須先瞭解複雜性理論。

　　複雜性理論研究的是複雜系統如何呈現在世界

上。「複雜」在這裡的意思不是「繁複」,而是一種交互作用模式。這種模式沒有固定結果、不斷演變、無法預測,但具有適應和自我維持的能力。我們要探討的正是這種複雜性,包括生物如何由宇宙中的物質開始自我組織,從量子泡沫內的交互作用,到它們如何形成原子、分子、細胞、人類、社會結構、生態系和規模更大的組織。

生物的複雜性有個顯著的特徵,就是在任何時刻,整體都大於所有部分的總和。我們即使知道某個生命系統(細胞、身體或生態系)個別元素的特性和表現,也無法預測從它們的交互作用產生的特殊性質。在複雜性理論中,這些令人驚訝的結果稱為「突現性質」(emergent property),或者直接稱為突現(emergence)。

這種不可預測性是複雜性理論的核心主題,也是它協助我們理解世界的主要特徵。我們或宇宙都和機器不同:當環境改變或變得難以忍受時,機器沒有辦法改變自己的行為;但遭遇不可預測的狀況時,人體和人類社會等複雜系統有能力改變自己的行為——這

種創造力正是複雜性的精華所在。

整體大於所有部分的總和，這句簡單的話裡包含許多意義。在口語中，這句話讓人想到群體、團隊合作、崇高的目標等等，也就是每個人貢獻本身各不相同的聰明才智，合作無間，創造的綜合效果將可超越任何人單打獨鬥所能達到的規模，例如獲勝的團隊、社會運動、成功的晚宴。

但複雜性涵括的範圍遠超過人類和人類的社會行為。複雜系統的實例除了出現在社會學和生物學中，也出現在物理學和化學中。宇宙是閃著微光的複雜性網絡，不斷地生成和滋養生命——這讓我們不禁相信，生命或許正是複雜性的主要目的，也是它最基本的表述。

複雜性跨越看似無法跨越的鴻溝，在量子力學描述的極小宇宙和相對論描述的極大宇宙之間搭起橋梁。這兩者都是史上最成功的科學理論，但都無法獨立解釋我們如何從最基本的存在元素（時間、空間、物質、能量）到生物複雜的行為和社會結構，包括生態系、文化，以及文明等。複雜性理論能告訴我們，

基本物理過程產生的實體如何主動地一步步組成更大的結構，最後形成我們的日常生活，成為我們周遭活躍、自然、有生命的系統。

雖然複雜科學的目標十分遠大，但如果仔細研究，它的課題也可以非常個人化。它能破解我們的存在感（sense of being）中最重要的謎題。

在子宮裡和出生後的一小段時間內，我們生活在感受不到分界的一體世界中。這個世界裡沒有自己也沒有他人，沒有嬰兒也沒有母親。到了嬰兒期初期，我們必定會漸漸脫離這種舒適的完整狀態，進入另一種分離狀態。我們被侷限在自己的皮膚之內。皮膚以內的一切是「我」，以外的一切是「世界」。不是一體的，而是分成不同的部分。

偶爾，如果運氣夠好，我們會發現自己和其他人處於某種狀況。這種狀況讓我們獲得完全合一、感覺變得比我們本身更壯大。如果沒有這樣的經驗，許多人會投入時間，努力瞭解「我」和「世界」之間有什麼關聯。如果我們能回憶起這種完全合一的感覺，或許就會經常想著：「我該怎麼回到那種狀態？」

如果無法回憶起這種感覺，或許只會覺得哪裡不大對勁，就好像自己少了某種東西，卻不知道那個東西是什麼。

　　複雜性理論不只提供科學上的理解，而且在我們繼續研究時，這個理論的意涵也能啟發我們，讓我們深入瞭解各種各樣的事物，從人類身體具滲透性的邊界到意識的本質等。複雜性理論可以培養我們在觀點上十分重要的彈性，並讓我們察覺到自己與整體間真實而深入的密切關係。如此一來，我們或許就能重獲曾經擁有的東西：我們與生俱來，與整體合一的權利。

複雜之美

第二章

秩序、混沌，以及複雜性的起源

複雜性理論興起於 20 世紀後半，當時科學家開始關注所謂的**系統**。系統這個簡稱指的是一群交互作用的部分或個體，它們藉由彼此間的交互作用，形成比本身規模更大的群體。我們研究的系統涵括許多類型，把系統當成研究目標的領域也相當多樣化，包括 1950 年代的一般系統理論、模控學（cybernetics）和人工智慧研究、1960 年代的動態系統理論，以及 1970 年代的混沌理論。到了 1980 年代，終於確立了複雜性研究成為一門獨立領域，其中最重要的是聖塔菲研究所（Santa Fe Institute）成立，那是史上第一所複雜性研究的學術中心。

在系統相關研究出現這樣的轉變前，幾乎所有科

學領域都採用**化約**的方法,也就是把較大的群體分成獨立的組成元件來研究。這個存在已久的原則是,如果能理解這些組成部分,就能理解整體。如同我們小心地分解時鐘,仔細檢視每個零件,或許就能瞭解時鐘一樣。從現代生活中各種各樣的科技產品可以輕易看出,這種把宇宙當成機器加以分解、再進行分析的科學方法顯然是十分成功的。

當一般系統理論正式開始反向研究這個問題,探討各個部分如何彼此結合,自己組合、**自我組織**成一個整體時,一場持續至今、且仍在逐漸加深加廣的科學革命便就此展開了。

■ ■ ■

運用系統的概念有助於瞭解各種尺度的存在,從極小的次原子領域到宇宙中的星系。在這段複雜性之旅啟程前,我們需要先瞭解一下三類基本系統。第一類系統的整體正好等於所有部分的總和,完全符合預期。我們可以透過水提供幾個簡單的例子。

在冰這類固態的水中,水分子有序地排列在一

起，代表每個水分子與鄰近分子的關係，可以輕易地以簡單幾何學定義。然而，一杯水則比較複雜。由於水分子隨機四處彈跳，所以我們無法精確預測液體中任何一個分子的位置，但我們能以統計方法描述分子的集體行為，進而預測水的整體表現。我們或許不知道任何一個任意彈跳的蒸汽分子和周圍其他分子碰撞後的能量和方向，但我們可以得知所有分子在特定溫度時的平均動能。

流體運動的某些方面同樣很簡單。水在狹窄的小溪裡流動時，速度比小溪流入大河之後來得快。液體流動速度和水道寬度間的關係，可用流體物理學中簡潔明瞭的方程式來描述。

不過洶湧的水就沒辦法簡單描述了。

因此我們進入必須以**混沌理論**描述的第二類系統。在混沌系統中，整體不等於所有部分的總和，而是大於其總和。

波浪就是一個例子。假如我們坐在沙灘上，看著波浪拍打著沙子。我們很容易認出它是波浪，而且每個波浪都和前一個波浪非常像，但一定不會完全相

同。我們沒辦法用描述靜水或冰塊等精確物理現象的簡單方程式，來表達不斷變化的波浪運動。

漩渦的狀況也很類似。讀者如果曾經放掉浴缸裡的水或沖馬桶，應該都很熟悉水的漩渦運動。但簡單的物理學和數學不足以描述漩渦的結構，或是解釋漩渦為什麼會突然出現在水域中的某個地方，又突然消失，後來又出現在其他地方。為了理解和描述這類紊流，我們需要新的數學理論，也就是混沌理論。

碎形：混沌的數學

1975年，曼德布洛特（Benoit Mandelbrot）發現碎形的性質並有系統地進行整理，他大幅提升了我們對複雜秩序的理解，開啟通往混沌理論的大門。[1] **碎形**是自然界中經常可見的幾何形式，例如河流、血管和樹木都具有十分相似的分支方式。積雲膨脹的形狀、寶塔花椰菜以及閃電的分叉，都呈現了不同的碎形幾何形狀。

第二章 秩序、混沌，以及複雜性的起源

碎形幾何形狀在自然界中的實例。第一列中，河流（A）、血管（B）和樹木（C）的分支形狀彼此相似，並且也在不同尺度上自我相似：無論接近或遠離，觀察到的分支型態永遠都是相似的。其他碎形也在不同尺度具有自我相似性，例如雲（D）的膨大形狀、寶塔花椰菜（E）的錐形螺旋、和閃電的鋸齒狀分支（F）。

在這些自然界的碎形實例中，型態重複出現的最小尺度有一定的極限。血管一再分支出去，最後變成微血管就無法繼續縮小了，樹枝的末端則是樹葉（但葉脈的型態可能又是另一種碎形）。然而從數學上說

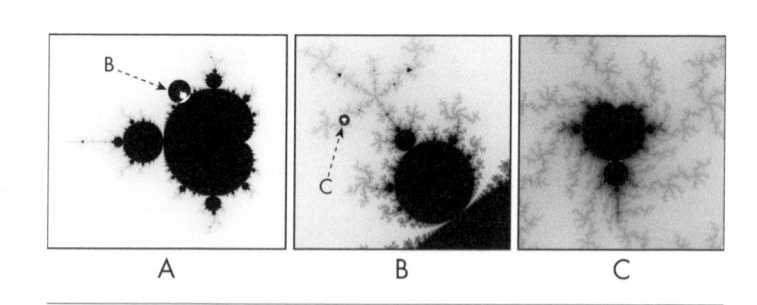

這個典型的曼德布洛特集合實例說明了自我相似性如何存在於不同尺度。放大 A 圖中的 B 區域時，可以看出這個形式（B 圖）顯然由形式類似的碎形組成。同樣地，放大 B 圖中的 C 區域時，可以看出這個形式（C 圖）顯然也由碎形組成。在純數學領域中，這個碎形細節可持續展開到無窮小的尺度。

來，碎形的自我相似性在不同尺度上其實沒有極限。典型的曼德布洛特集合（Mandelbrot set）說明了這一點。

　　曼德爾布洛特精細複雜的幾何形狀無法像水、冰和蒸汽一樣，以簡單的方程式表達。在水和冰的這些例子中，我們把幾個數字代入方程式的變數，就能得出幾何、代數或統計解。但是，混沌系統需要在一段時間之後才看得出實際表現的過程──它無法以簡單公式表達，必須使用電腦程式，或說**模型**，花費數分

鐘、數小時,甚至數天進行模擬才能呈現出來。在電腦問世之前我們根本無從著手,無法想像該怎麼提出一套理論來研究天氣、漩渦或行星軌道等混沌系統。

雖然碎形數學和對混沌系統的研究已經有相當的進展,但有些系統還是無法解釋,當然更無法提出模型——這類系統就是生物。雖然生物系統有許多部分可以看出碎形,甚至是混沌的實例,例如血管和肺部氣管的形式,或跳動心臟的電訊號圖樣,但我們還是無法描述整體生物。要描述生命本身,也就是第三種系統,需要瞭解複雜性理論。

生命遊戲

1970 年代初,一個滿天星星的寒冷冬夜,朗頓(Christopher Langton)獨自坐在美國麻州總醫院的電腦室裡。這位典型的年輕嬉皮和自學的電腦程式設計師有著和別人不同的作息,經常通宵幫程式除錯。當天晚上,在心理系六樓一間辦公室,他擠在一排排沒用過的電腦零件、管子、纜線、舊腦波儀和示波器之間工作

時，突然感到背部和脖子上汗毛直豎。後來他回想時說：「我感覺到辦公室裡有其他人。」[2] 他轉頭看，以為會看到其他程式設計師走進來，但沒看到人。

他轉過身來，眼角瞥見某個電腦螢幕上有東西在動。那是早期的電腦模擬，基本上就是個遊戲，稱為「生命遊戲」（Game of Life）。綠色的方塊在螢幕上閃爍跳動，不斷移動和改變方向。

這時候朗頓想到，他感覺到的存在「一定是生命遊戲。螢幕上有個**活的**東西。」[3]

1970年，康威（John Conway）的「生命遊戲」在《美國科學人》（Scientific American）的「數學遊戲」專欄上公開問世。[4]（我記得十一歲時曾經在美國西哈特福公立圖書館看過這一期。對，當時我就是這麼小。）

康威是英國數學家，他設計的「生命遊戲」是個開放式的二維正方形網格。網格有「活」（開啟，方格填色）和「死」（關閉，方格中空）兩種狀態，依據周圍死／活方格的數目決定。

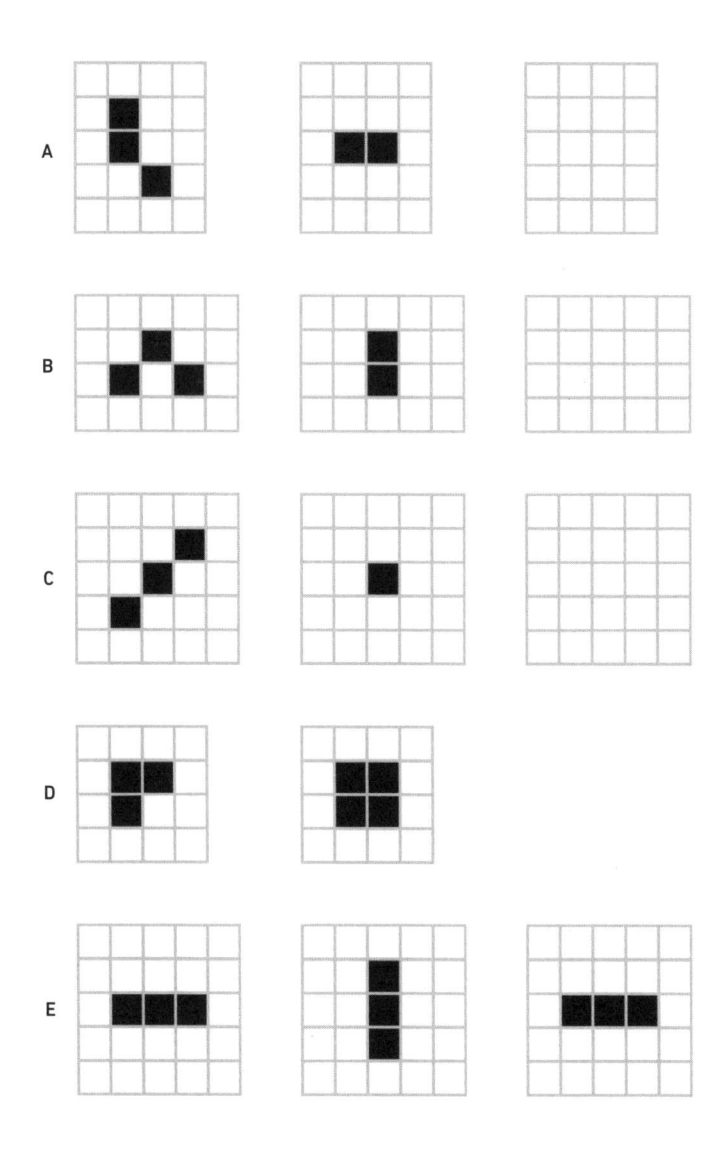

第二章　秩序、混沌，以及複雜性的起源

35

前圖為康威生命遊戲的演化實例，原本刊載在 1970 年《美國科學人》的葛登能（Martin Gardner）專欄。遊戲開始時，玩家有三個「活」（黑色）細胞。每個細胞周圍的活細胞和「死」細胞（白色）的數目，決定下一代如何演變。康威訂定了四個規則來決定每個細胞下一步的命運：

1. 活細胞周圍如果有兩個或三個活細胞，將可以活到下一代。
2. 活細胞周圍如果有四個或以上的活細胞，將會死亡（原因是過度擁擠）。
3. 活細胞周圍只有一個活細胞或沒有活細胞，將會死亡（原因是孤立）。
4. 死細胞周圍正好有三個活細胞時，下一代將會變成活細胞。

有些遊戲在所有細胞死亡時結束（A～C）。有些能持續存活，但不是永久穩定（D）就是在不同型態間永久來回變換（E）。但有些型態會永遠持續、不斷改變和生長，通常具有類似生物的結構，例如右頁這類稱為「燈芯拉線器」（wick-stretcher）的圖形。如果觀察這個型態一段時間，會發現其中有個莖狀結構隨世代遞增而向上延伸，像花朵一樣。

朗頓跟作家沃德羅普（M. Mitchell Waldrop）提到他在電腦室裡遭遇的這個汗毛直豎的時刻。沃德羅普後來把這個故事寫進自己的書籍《複雜》

第二章　秩序、混沌，以及複雜性的起源

（*Complexity*）裡。「我記得午夜時我看向窗外，這些機器在周圍嗡嗡作響……查爾斯河對岸的劍橋，看得到科學博物館和開來開去的汽車。我想著這個活動的型態，以及發生其中的一切。那個城市在那裡，非常活躍。它和生命遊戲看起來是同樣的東西。當然，它複雜得多，但本質上沒什麼差別。」[5]

他說，這個領悟「就像大雷雨、龍捲風或海嘯席捲而來，改變了整個景觀」。[6]他回想當天晚上風中的「氣味」：「這些東西的氣味適合我，讓我想到這種活動型態。後來我的職業生涯都在追尋那種氣味。」[7]那種氣味帶他走進複雜性理論的領域。

朗頓的學習之路兼容並蓄，他在波士頓好幾所大學旁聽了許多互不相關的課程，同時在地方圖書館或書店裡瘋狂閱讀各種書籍，還在波多黎各某個實驗室花了一年研究靈長類行為。後來他遭遇滑翔翼意外，身上和臉部有三十五塊骨頭受傷，復原期間來到亞利桑那大學位於索諾蘭沙漠的世界級天文學和宇宙研究中心。

他開始體認到，他最深刻的疑問是「想法的歷史」和「資訊的演變」：蘊含在機器或宇宙實體過程中的資訊，以及人類在個人或社會層級互相交換的資訊。現在他很確定，資訊就是關鍵所在。「它的氣味很適合我。」[8]

他發現過去幾十年間，許多傑出學者都探討過資訊的形式、甚至物質本質，並留下了豐富的文獻。這

些著名的思想家包括賽局理論的創造者馮紐曼（John von Neumann），以及現代電腦科學的創造者圖靈（Alan Turing）。

1982年，他進入密西根大學修習電腦和通訊科學研究所學程。他在這裡將一生所有的知識和思緒融會貫通。為了追尋那種氣味，他多年來不斷改變方向，如今終於找到了歸宿；在第一次汗毛直豎的十多年後，他重新投入「生命遊戲」，而且現在他知道應該稱之為「人工生命」。[9]

混沌邊緣的生活

幾年之後，當時任職於美國紐澤西州普林斯頓高等研究院的物理學家及電腦科學家沃爾夫勒姆（Stephen Wolfram）也對「生命遊戲」產生興趣。他以精細複雜的科學方法研究這個遊戲如何運作，把存續的結果分成四大類。[10] 其中兩類顯得相當穩定，不是永久凍結（第35頁的圖D），就是不斷來回變換（第35頁的圖E）。第三類的外觀非常混沌，符合碎形數

學（這裡沒有圖片可貼，因為它的形狀隨時間改變，只能用影片呈現，類似漩渦的動態穩定）。不過，第四類結果則在意料之外——由朗頓和早期混沌理論專家帕卡德（Norman Packard）分別發現。

要瞭解沃爾夫勒姆的方法與朗頓和帕卡德的方法之間的關鍵差異，可以從兩種研究對象的差異得知。第一種是研究液態、固態和氣態等各種形式的水；第二種是研究形式轉換時的狀況，例如接近沸騰的水何時冒出蒸汽、冬天的冰如何在大太陽下昇華成蒸氣、霧如何在冷冽的清晨中凝結成水，並在散步時弄濕衣服等。這些變化稱為**相變化**，當然就水而言，我們已經相當熟悉這些變化了。

但以「生命遊戲」而言，這些變化可以帶來新啟發。朗頓和帕卡德發現，這個意料之外的第四個沃爾夫勒姆類別出現在穩定秩序和混沌的交會處。它沒有固定結果、不斷演變，可自我維持，形狀和活動方式讓人想到生命。此外它也無法預測。這個類別是不久後被正式命名為**複雜性**領域的初期演示。

當成專有名詞時，**複雜性**指的是「生命遊戲」等

模型中出現的這類新秩序。如同「混沌」可以用來描述漩渦和天氣等以往無法描述的事物,「複雜性」現在可以更進一步地用來描述生命本身。

這類模型表現出類似生物的行為,但也能用來描述真實的生命系統,包括單細胞、多細胞生物,或是蟻群、實際的城市,甚至全球生態系等規模更大的集合體[*]。

依據科學作家盧因(Roger Lewin)的描述,複雜性是含有大量資訊且類似生物的系統,出現在「混沌和穩定彼此互相拉扯」的相變化中。[11] 朗頓說這種相變化是「混沌行為的展開」,並於 1986 年發表相關研究。[12] 帕卡德則於 1988 年發表的研究中稱呼這個領域為「混沌邊緣」(Edge of chaos),從此確定了這個帶來許多聯想的名字。[13]

液態水、冰和蒸氣間的相變化,以簡單線條描繪效果最好。但混沌邊緣的邊界則是碎形:想像一下,

---

[*] 原注:這類集合體無法以書中的靜態圖片呈現,但如果在網路上搜尋 Game of Life 程式,就可看到這類型態隨時間而發展。

混沌與穩定的邊界看起來像曼德布洛特集合的碎形一樣細緻繁複。

很快就有人開始認真研究複雜性在生物學上的用途。對帕卡德而言，生物複雜性說明了生物如何從外界吸收資訊，進行處理，再產生行為回應。這類運算能力是生命系統的重要特徵，無論是細菌等比較簡單的單細胞群落，感應環境中的養分和毒素並隨之行動，或是森林中的樹木和真菌等規模較大的複雜生物網，一年四季處理陽光、水和泥土中的養分，因應各種化學、傳染病、昆蟲，甚至人類的威脅。

因應環境的不斷改變而出現的適應現象，使演化趨向於提高運算複雜性。帕卡德告訴盧因：「從直覺上看來，存活這件事情需要運算相當合理。如果確實如此，那麼生物的天擇，將使運算能力提高。」[14] 因此，生物系統的演化似乎趨向混沌邊緣。帕卡德進一步研究，證明這類趨向混沌邊緣的適應是自發現象，源自掌控系統內交互作用的法則。他最重要的貢獻就是證明演化會使複雜性提高。

後來，通才醫師和理論生物學家考夫曼（Stuart

Kauffman）更深入地探討複雜性對生物的所有影響。他在 1993 年的書籍《秩序的起源》（*The Origins of Order*）中主張，複雜性對生命系統演化的影響不亞於達爾文的天擇[15]。考夫曼運用布林網路（Boolean networks）這種數學結構，提出細胞**分化**（各種不同的細胞如何形成）行為的複雜系統模型。[16] 此外他還運用複雜性理論方法，描述某幾種自催化設置（autocatalytic set）如何交互作用，在年輕地球海洋的生化湯中孕育生命。[17] 縱使朗頓和帕卡德的發現從各個角度創建了複雜性理論，但考夫曼的想像力與使命感超越任何一位複雜性理論科學家。考夫曼的研究證明了複雜性理論能解釋真實生命的奧妙和驚奇之處。

突現與不可預測性

這些關於電腦和數學的討論看來或許有點令人畏懼。它只是解釋複雜性理論真實狀況的一種方式，但也指出了這種新興理論和相對論或量子力學等傳統理論之間的關鍵差別。我們已經知道，混沌或複雜性都

無法像以往其他的物理理論一樣,以一連串預測性問題概括說明。要研究混沌和複雜性時都必須藉助電腦模型,觀察它隨時間演變,使整個系統產生超越各個部分的新性質。這些性質經常像魔法一樣憑空出現,因此才稱為「突現」。

　　混沌系統和複雜系統中的突現,差別在於可預測性。在混沌系統中,依據電腦模型,相同起始條件產生的突現性質一定相同。整體大於所有部分的總和,而且可以預測。其中一個例子就是著名的「蝴蝶效應」:巴西一隻蝴蝶拍動翅膀造成的一連串改變,可能會在美國德州造成龍捲風。把這個現象化成模型時,如果這隻蝴蝶以完全相同的方式拍動翅膀,將會生成完全相同的龍捲風。然而,如果稍微改變起始條件,例如這隻蝴蝶剛好落在一朵花上,或是牠後來飛到右邊的另一朵花,而不是左邊這朵花,造成的差異可能是德州的龍捲風變成台北的颱風,或是使安達曼海上一片平靜。

　　然而在複雜系統中,儘管我們能預測到會發生突現,但無法預測它的確實性質,即使起始條件相同也

是如此。在複雜性中，整體大於所有部分的總和，但**無法預測**──就像這個世界，更像是我們的生命。

第二章　秩序、混沌，以及複雜性的起源

複雜之美

第三章

複雜性的規則
以及相鄰可能性

某個春天的早上,我離開公寓到醫院上班時,迎接我的樹木正把土壤、水、陽光和空氣輸送到樹幹、樹枝和樹葉中。水仙和連翹也一樣,冒出黃色的花朵。大樓前面的草地上,旅鶇側著頭,仔細聽著蚯蚓群在地下活動的聲音。我走上人行道,進入朝目的地前進的大群紐約客中。不知道為什麼,他們能輕易地經過彼此身邊,微小、下意識地調整肩膀和腳步,以便不停頓地前進。

我們周圍經常看到許多的組成部分進行自我組合,變成生氣蓬勃、具適應力的突現形式和過程。我們不僅可以看到這類例子,而且自己就是它的一部分,但我們的日常習慣、專注在身體以外的事物,會

讓我們覺得自己是觀察者，和我們正在觀察的事物分離。事實上，我們不是走過這個世界，而是與世界融合在一起。我們觀看的每個地方都看得到複雜性——我們做的每件事情也都參與複雜性的一部分。

現今，世界各地有好幾個研究機構在專門研究複雜性理論，證明它在許多領域的影響力都在逐漸提高。複雜性研究者研究些什麼？包含生物學和科技、生態學和氣候學、城市生活和農業、商業和經濟學、人類學、宗教和演化、時間、歷史、未來。

因此，現在我們有機會藉由研究者發現的簡單規則探討複雜性。這些規則可以協助我們理解哪些性質會產生複雜性以及促成突現，如何在看到這些性質的時候認出它們，以及如何思考它們什麼時候會出現偏差。說明這些規則時，我會用螞蟻當成例子，因為螞蟻到處都有，而且每個人都對螞蟻有些認識。適用於螞蟻的規則，應該也適用於所有複雜系統。

規則一：數量很重要

交互作用的組成部分必須有足夠的數量，才能形成複雜系統。郵購買到的標準蟻窩套件通常有二十五隻左右的螞蟻，全都在努力挖掘通道、組成搬運食物的隊伍，以及為死亡的螞蟻建造墓地；這些行為都是突現現象的實例。但如果只剩下幾隻螞蟻，就不會有自我組織現象，突現性質也會消失；沒有隊伍搬運食物、不會合作建造通道，死亡的螞蟻也只會留在原地。另一方面，系統中的個體越多，複雜程度也越高。二千隻螞蟻的蟻群比二百隻螞蟻的蟻群複雜，二萬隻螞蟻的蟻群則更加複雜。城市比村莊複雜，大都會又比城市更複雜。

規則二：交互作用是局部的，而非整體的

蟻群的突現現象不是出自蟻群中某個領導者的計畫。雖然突現看來經常像是上級對下級的計畫，但其實並非如此。簡單的螞蟻隊伍就是很好的例子。螞蟻

從發現食物的地方取得食物，**搬回蟻群**，來來回回，效率非常高又很有秩序，讓人覺得一定是計畫好的行動，但其實沒有哪個成員負責計畫。蟻后只有繁殖功能，不執行管理工作，也不監督整個蟻群的狀態。沒有任何一隻或一群螞蟻負責規劃搬運食物的隊伍，或蟻群的其他事務。這個組織完全源自螞蟻彼此交會時的局部交互作用。

螞蟻會製造各種費洛蒙，也可說是氣味訊號，用以在不同狀況下彼此溝通。螞蟻偵測到自己或其他螞蟻留下的費洛蒙時，會出現特定方式的回應。舉例來說，一隻螞蟻行走時，會給自己留下氣味蹤跡。這樣一來，如果要往回走，就能循著這個蹤跡回到蟻群。

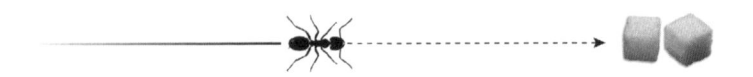

如果在四處遊走時碰到食物，牠會取下一些食物，循著自己的氣味往回走。

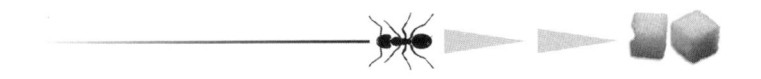

螞蟻把食物抬在空中，行走時會留下不同的氣味，讓其他螞蟻偵測，通知牠們找到食物了。氣味會隨時間減弱，所以氣味的相對強度可以指出方向，較強的一邊是第一隻螞蟻走回蟻群的方向，較弱的一邊是食物的方向。

碰巧路過費洛蒙蹤跡的螞蟻會偵測到這種氣味，把它當成指令，轉向食物的方向並繼續前進。

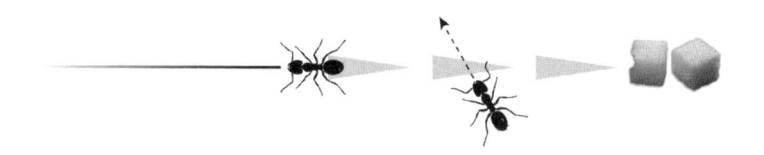

最後當然就會發現食物。

越來越多螞蟻經過彼此的路徑、發現食物，並循著自己的路徑回到蟻群時，氣味形成的路徑也越來越明顯。

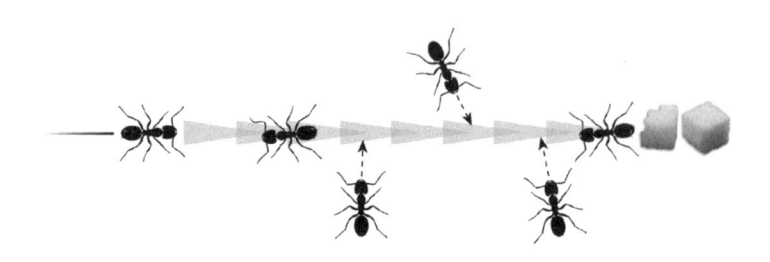

因此，搬運食物的隊伍逐漸成形，但其實沒有一隻螞蟻注意到蟻群是否需要食物、需要幾隻螞蟻把食物搬回蟻群，或是如何召集完成這個工作所需的螞蟻。一個複雜的行為由局部的交互作用產生。一隻隻螞蟻重複這個固定程序，直到糖全部搬完。這時候，搬運食物的螞蟻消失，氣味蹤跡減弱後不再加強，最後消失。

在人類系統中，我們通常認為有某些人負責監控整體狀況。舉例來說，獨裁統治者可能認為自己領導的系統是由下而上的機構，但這其實是完全錯誤的。這些統治者雖然掌握層次較高的細節，但根本不是真正的整體，而是另一種形式的「局部」監控，只不過他掌握的資料範圍比螞蟻廣泛得多、資訊複雜性也比較高。他們或許會認為自己在交互作用網路的上方，

俯視著網路，但其實他還是位於網中，與每個人和所有事物緊密連結。最後，這些領導者不會知道正在集結的反對者之間的悄悄話，他們正在計畫的革命本身也是突現現象，可能突然發生，推翻這個所謂由上而下的領導方式。因此，獨裁者認為自己掌握了整個系統中的所有細節，但這其實只是場幻覺。

同樣地，我們體內沒有細胞負責監控整個身體，偵測我們是否想睡覺、肚子餓，或是欲火中燒。體內甚至也沒有全面的感測器官來負責這件事。當然，有人馬上就會想到大腦，但儘管我們的文化直覺認為大腦位於全身感測系統的頂端，但大腦其實並非監控一切——就像獨裁者認為自己能監控領土內所有社會網路，但實情並非如此。大腦雖然透過神經傳遞訊號和身體溝通，指揮身體並獲取資訊，但我們知道身體其他部分也會控制大腦。製造皮質醇的腎上腺就是個例子；皮質醇這種壓力荷爾蒙以一天二十四小時的節律升高和降低，但遭遇嚴重危機、身體必須維持高度警覺時，節律就可能改變。但這個節律如果遭到擾亂，我們可能會變得憂鬱，甚至罹患精神疾病。此外，消

化道內的細菌也可能影響大腦,改變情緒、飢餓感和其他行為。大腦位於這個網路中,具有影響力,但也受到影響。它不是自己高居頭顱內,監控在下的其他身體部位。

所以是誰負責監控誰?其實沒有誰在監控,所有交互作用都是局部的。複雜系統中的每個元素都透過局部交互作用構成網路,與其他元素交互作用。有些元素的影響力或許較大或較小,但沒有任何元素位於這個網路之上,以不可違抗的意圖從外界指揮,擁有全面的控制權。

規則三:負回饋迴路佔大多數

對局部交互作用的觀察,能讓我們進一步深入複雜系統如何適應環境的奧祕。**回饋迴路**(feedback loop)是一種可以對交互作用網路本身給予「回饋」的網路。要瞭解回饋網路,可以看看空調設備的運作方式。空調設備會不斷檢測溫度,室內太熱時就開啟,等到涼下來之後再度關閉。機器可使室內溫度維持在

固定範圍內,所以這種狀況稱為**負回饋迴路**(negative feedback loop)。如果室內溫度上升時會開啟暖氣,使室內溫度進一步提高,則稱為**正回饋迴路**。*

負回饋迴路在複雜系統中佔大多數,讓系統狀況維持在游移、健全且恆定的範圍內。在恆定狀態下,系統有能力適應不斷變化的周遭環境,防止系統中的任何成員壓制其他成員。

讓我們回頭看看螞蟻建立食物搬運隊伍的過程:一隻螞蟻開始留下費洛蒙路徑,指出發現食物的方向,同時指出相反的方向可以回到蟻群。另一隻螞蟻經過這個路徑,做出適當的反應,也留下自己的費洛蒙蹤跡。現在有兩種費洛蒙氣味,這次加強使其他螞蟻發現氣味並一起行動的機率提高到兩倍。接下來,路徑和螞蟻越來越多,最後透過這個正回饋形成食物搬運隊伍。

然而,如果每一隻螞蟻都加入隊伍,蟻群的維護工作將會荒廢。這時候就可看出負回饋的重要性了。

---

* 原注:回饋迴路的「正」和「負」不代表「好」或「壞」。

以這個例子而言，氣味蹤跡留下之後會開始消散。我們知道這點如何指出氣味蹤跡的方向性，但它也是一種負回饋：這個氣味蹤跡不會永久存在。負回饋可以防止整個蟻群變成效率低落的龐大食物搬運隊伍。

所有生命系統都是恆定的，但絕對不是停滯靜止。如同混沌系統中的動態穩定一樣，複雜性中也有持續不停的變化，在健全且可維持生命的範圍內持續游移。生命是持續不停的活動；穩定是取得平衡，而不是一成不變。

如果正回饋迴路取代平衡的負回饋迴路，可自我維持的恆定平衡將會消失。消耗能量的行為會取得主導地位，最後使系統崩潰毀滅。我們來看看經濟泡沫或癌症，這兩個例子都出自已經存在的恆定生命系統：一者是運作良好的經濟體系，另一者則是交互作用的細胞組成的健康身體。但因為某些特定原因，負回饋衰退，使正回饋取得主導地位。爆炸性成長開始，隨之而來的是系統徹底崩潰，結果便是經濟衰退或蕭條、癌症末期的結果則是死亡。

經濟大蕭條之後的美國經濟就是個典型的例子。

第三章 複雜性的規則以及相鄰可能性

1929年美國華爾街股災後，當時的經濟學家和國會議員直覺地認為需要制定法規，防止造成這次股災的經濟泡沫再度發生。為此而誕生的格拉斯—斯蒂格爾法案（Glass-Steagall Act）對美國的經濟體系進行改革，包括分開投資銀行和零售銀行，防止銀行向自己貸款，同時賦予美國聯邦儲備銀行管理其他銀行的權力。立法制定這些負回饋迴路，不就是為了讓經濟處於符合適應性的恆定區域嗎？

這些改革措施發揮了作用。然而，從1980年代到2000年後，美國兩大政黨卻慢慢破壞這些措施，其後果從複雜性的觀點看來毫不意外——隨經濟泡沫出現的崩盤越來越頻繁，最後導致2008年的金融危機。負回饋迴路逐漸遭到破壞時，市場中的另一個正回饋迴路（例如矽谷科技、次級房貸）鼓動不受約束的投機行為，造成浪費資源的爆炸性成長，最後注定崩潰。

細胞生長也是如此。正常組織中的正常細胞能透過負回饋的抑制作用調節自己和彼此。鄰近其他細胞時，細胞會有「接觸抑制」的現象。當四周都被其他

細胞包圍時，細胞就不會分裂。如果鄰近的細胞死亡或移開，因此失去接觸時，原先被抑制的細胞就能分裂，空間也會被新細胞填滿，接觸抑制隨之恢復。這是非常完美的恆定負回饋迴路：關閉、開啟，然後再度關閉。

基因突變導致細胞癌化時，突變可能關閉負回饋迴路，也可能開啟正回饋迴路，或者兩者皆有。因此癌症能由恆定迅速轉變為無法控制的爆炸性生長，形成會侵略和擴散的腫瘤。當自我加強的正回饋迴路取得主導地位時，整個系統就會陷入嚴重的能量耗竭狀態。相當於癌症患者無法應付腫瘤越來越大的新陳代謝需求，變得極度虛弱，最後死亡。

最新的癌症療法，目標不只是消滅癌細胞，還包括重新建立人體對這些細胞的恆定控制。舉例來說，有一種自然發生的癌症恆定抑制功能，就是免疫系統的抗腫瘤監控。若有任何原因（例如壓力、營養不良、免疫抑制藥物或感染HIV但未接受治療）造成免疫系統慢性衰弱，就可能罹患癌症，因為免疫的負回饋迴路受到破壞。有些最新、最令人期待的癌症療法已經

找到重新啟動免疫系統迴路的方法，恢復辨識和對抗腫瘤的功能。只要恢復恆定、就能讓惡性腫瘤消失。

在接下來幾章中，我們將逐漸縮小尺度，從細胞到分子、從原子到次原子粒子、再到最深奧的量子領域。在每個層級中，建立負回饋和正回饋迴路的過程，都能以這些尺度中個體間進行交互作用、彼此溝通的方法來說明。系統越複雜，這些溝通方法越精細複雜，通常也越難精確描述。細胞和身體比較難用簡單問題表達，但在原子層級（受化學法則掌控）和量子層級（受粒子物理學和量子場論法則掌控）等較小的尺度中，這些過程的說明方式會比較簡潔，而且一定採用數學方式表達。

規則四：隨機性程度是重要關鍵

不可預測性是複雜系統的關鍵特徵，也是讓複雜系統擁有奔放創意的非凡力量來源，帶來的影響十分深遠。

永遠會有幾隻螞蟻不跟隨直達食物的費洛蒙隊

伍。這些游離螞蟻不是懶惰或沒有目標，而且從適應性的角度看非常重要。如果所有螞蟻都加入食物搬運隊伍，就沒有螞蟻可以發現其他食物來源。在 21 世紀初的幹細胞研究中，我和同事曾經指出人體細胞也有類似的表現。如果幹細胞的表現和微型機器一樣，人體在遭遇疾病或損傷時將變得過於脆弱。幹細胞在人體內部活動時，需要有一定程度的隨機性，才能發現並回應修復的需求。[1]

但就像生活中的許多事物一樣，中庸才是最好的選擇。在複雜系統中，隨機性程度是主要關鍵。隨機性太高將使自我組織無法產生；太低又會使系統表現得太像機器，沒有足夠的彈性來發現新的適應性行為。在恰到好處的低度隨機性中——有時又稱為**驟冷無序**（quenched disorder）的狀態，系統會有能力探索考夫曼所說的**相鄰可能性**（adjacent possible）。[2]如果沒有隨機事物四處出現，系統就不可能找到新的機會，邂逅新的生存方式和值得勘查、運用的新做法。加入少許的隨機性，就可以讓系統持續活躍。

我小時候，螞蟻的這種行為經常在我和我媽之間

造成某種緊張。她非常執著於房子裡必須一塵不染、極度整潔。如果我看到一隻離群的螞蟻在探索我們家的廚房，就必須趕快把牠弄走，否則我媽一看到就會殺死牠，然後馬上找除蟲公司。每當我把這隻迷路的小螞蟻撥到一小張紙上，送到牠應該活動的室外，跟其他螞蟻團聚時，心裡總會感到有點抱歉。

但我母親的直覺是正確的。這隻螞蟻其實是蟻群驟冷無序的一部分，牠是在為蟻群的入侵預做準備，探索廚房裡所有食物的相鄰可能性。牠只需做一件事，就是趕在我媽掃除我掉在地上的麵包屑之前發現它。一發現食物，螞蟻就會迅速回頭，沿著自己的氣味回到蟻群，同時留下明確的路徑，讓幾百隻螞蟻魚貫走進我們家。牠不是「可憐的小螞蟻」，而是入侵我們家的先鋒部隊！

這類低度無序可以解釋，即使我們確定複雜系統將會出現突現結構，為什麼還是無法預測它的性質。在複雜性中，當相同的起始條件受到低度隨機性的持續影響，就不可能以完全相同的方式變化。複雜系統存在的每一刻，都彷彿籠罩在一大片放射出光亮

第三章　複雜性的規則以及相鄰可能性

的相鄰可能性中，下一刻或許就會演變出各種可能。直到那一刻，一個無法預測的可能性從各種可能性中現身。現在，這個複雜系統遭遇了新的局面，面對著帶有相同少許隨機性的新條件，籠罩在另一片可能性中。接著一次又一次、一刻又一刻地不斷重複。

就演化而言，天擇很可能促使物種改變，但這類改變的可能選擇只限於可用的相鄰可能性中。選擇不是無窮的，而且大部分選擇都無法適應環境，但選擇的範圍並不算小，更重要的是它們無法預測。生物的創造力，也就是生命因應環境變化的對策，甚至可能演化出全新的物種和生態系形式，正是源自系統內的驟冷無序。

在接下來的章節中，我們將會探討各種「組成部分」（身體、細胞、分子、原子等）如何交互作用，構成複雜突現的整體。對每個組成部分而言，隨機性出現的方式、它的外觀和功能，都會隨著我們要探討的系統的尺度層級而改變。同樣地，在每個層級中形成的回饋迴路，它產生的溝通模式也會和其他尺度的迴路不同。細胞與細胞交談的方式和夸克與夸克之間

不一樣。所以，雖然這一章探討的概括狀況適用於所有尺度，但細節可能相當不同。儘管如此，在每個層次中，我們都只會看到小範圍的隨機性和溝通網路的穩固性，足以在複雜系統探索無法預測的新可能性時維持平衡。

■ ■ ■

然而，隨機性帶來的機會也有另一面。如果是對部分或整個系統而言，不具適應性的相鄰可能性呢？

液態水、冰和水蒸氣之間的物理相變是簡單的線條，但混沌邊緣的邊界則是碎形。想像一個（數學）邊界看起來就像曼德布洛特集合的碎形一樣，極度細緻繁複。生物的創造力就產生在碎形幾何塑造的領域中，穩定和混沌在其中爭奪生命。

驟冷無序引領我們走進穩定和混沌之間百轉千迴的碎形路徑，最後也可能會走到我們其實不想到達的地方。我們或許不會留在能發現生命的碎形相變中，而會離開那裡，走入像機器一樣死板的決定論，或是走入混沌。無論這場拔河的結果如何，系統都會因此

在水的三相圖中,邊界線是平滑的;但複雜性的邊界則是在有序和混沌之間,極為細緻繁複的碎形。

失去能自我維持的適應性創造力,發生部分或全局性的大規模滅絕事件。

因此,在複雜系統和所有生物中產生創造力的有限隨機性,一定也會造成部分的滅絕事件,而且如果時間足夠,還會使整個系統消滅。使我們生存的因素也使我們注定會死亡。永生或青春之泉並不存在。

第三章 複雜性的規則以及相鄰可能性

　　這對我們個體而言或許有點殘忍，對吧？但從更廣泛的觀點看來，大規模滅絕代表新的突現將會形成。如果恐龍沒有滅絕，哺乳類動物有可能統治世界嗎？歐洲如果沒有出現黑死病，文藝復興可能發生嗎？過去的死亡，為未來更優秀、更無法預測的生物做好了準備。生命不是有比生存更重要的意義嗎？身為規模更大、不斷變化的整體的一員，究竟意味著什麼？

　　出乎意料地，複雜性理論的抽象內容，包括數、賽局、幾何、運算模型等，開始充滿關於命運、意義、生命和死亡的問題。

第二篇

互補性與全子系，
或「沒有邊界的身體」

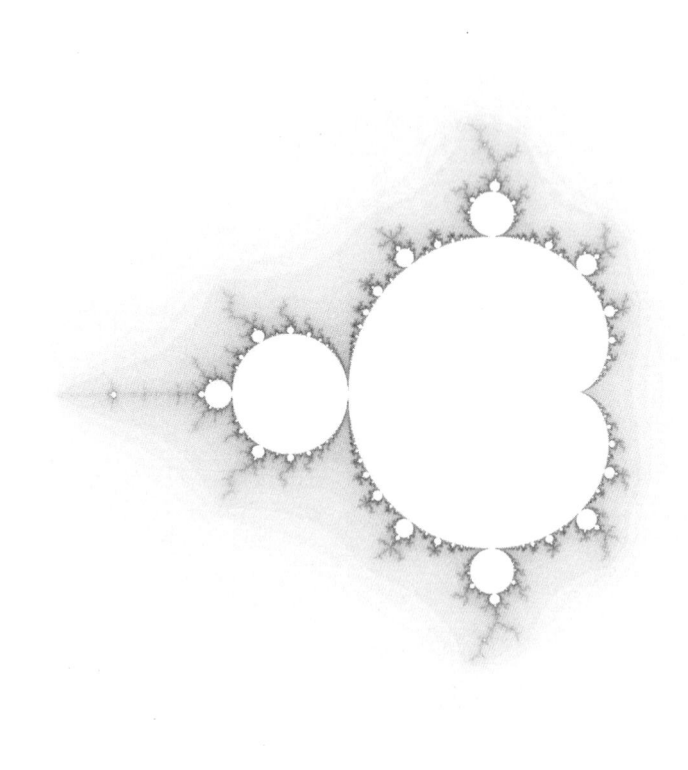

第四章

細胞層級：
人類的身體和細胞

我們診斷病理學者每天都有機會用顯微鏡研究人類組織樣本。這通常是為了進行診斷，例如某個人的切片樣本是不是腫瘤，如果是，這個腫瘤又是惡性還是良性等等。我們一天通常會花上好幾個小時看顯微鏡，逐一檢視這些樣本。這些樣本隨時都在提醒我們，人類由器官、組織和細胞等更小的部分組成。

透過顯微鏡觀察時，我們看到的不是整個身體，甚至也不是肢體或器官，只看得到細胞。細胞如何聚集和組織、如何彼此連結或維持分離，以及每個細胞即使和鄰近細胞屬於「同類」，但彼此又有什麼不同。每個皮膚細胞看起來都像皮膚細胞，但也都和鄰近細胞有少許不同。這些細胞相同但又不同，在一致中又

有細微的多樣性。

這時候有人敲門，我們抬起頭來，回到人體看起來像是人體的日常生活中。一位實習人員或同事走進來，我們開始以日常方式進行社交互動。接受適當訓練後，我們可以在兩種狀態間交替來回。一種狀態和其他人或螞蟻或鳥類一樣，把人體視為人體，另一種狀態則是把人體視為所有組成部分的集合。

我們或許會問：「如果像螞蟻這類的身體能自我組織，產生和複雜系統相同的突現性質，那麼細胞也能這樣嗎？」答案是肯定的，因為細胞符合複雜系統組成部分的所有條件。細胞很少單獨存在或只有很少的數量。單細胞生物幾乎一定會聚集成一定規模的群集或群落，而最簡單的多細胞生物也有一千個以上的細胞。人類有數兆個細胞，藍鯨（地球上最大的動物）則有數千兆個。細胞之間會透過正負回饋迴路彼此交互作用；雖然荷爾蒙等分子訊號可從距離遙遠的身體部位傳遞到細胞，但從接收分子訊號和產生局部效果的細胞看來，這些交互作用仍然是「局部」的。當然，沒有一個或一群細胞真正監控整個系統。細胞的交互

作用中也有驟冷無序的存在，隨機性不算太高、也不算太低，剛好足以讓細胞發現新方法，依據環境變化靈活地自我組織，或在疾病、傷害等部分大規模滅絕事件後恢復。

從「身體組成的複雜系統」到「細胞組成的複雜系統」，凸顯出十分重要的一點：複雜系統可由另一個複雜系統組成。我們從遠方觀察蟻群時，蟻群看起來可能就像地上的一塊黑色物體。如果看的時間夠長，或許會看出一點點活動跡象，或看到它改變形狀，但基本上看起來還是一個物體。接著我們走近一點，仔細觀察，發現它根本不是一個物體，而是一群螞蟻在不斷地運動，彼此交互作用、自我組織。

現在想像我們再走近一點，放大到只看一隻螞蟻，進入牠的微觀層次。我們接近蟻群時，原本看來像一個物體的蟻群化成彼此交互作用的螞蟻；而在微觀層次，螞蟻的身體同樣也會化成彼此交互作用的細胞。所以它究竟是什麼？是蟻群還是螞蟻？是身體還是細胞？

我有一次和朋友外出散步，他問我最近在做什麼

第四章 細胞層級：人類的身體和細胞

研究。當時我看著朋友後面的空中有個奇怪的氣球，甚至可以說是一艘船，顏色很深，一直在改變形狀。我的大腦對這個景象疑惑了一下子，後來我重新集中注意力，發現那是一群椋鳥。我指著天空說：「看那邊！我在研究的就是這個。」我的意思是，鳥群有時看起來像個真實物體，同時也像許多隻各自飛翔的鳥。我把手指放在朋友眼前，晃著手指說：「這個手指也是一樣。它看起來像手指，但它是手指嗎？它是手指還是一群細胞？這可說是觀點問題，而且兩個觀點都一樣正確。」

　　某個事物看來是像**物體**，或是由更小的物體形成的**現象**，取決於我們觀察的尺度、看法或觀點。

　　這個概念不一定是完全抽象的。如果曾經坐過飛機，你可以想一下接近目的地時，飛行即將結束，飛機準備著陸時的情景。我們還在空中，但可以看到地面越來越近。我們看著屋頂，看著汽車沿著地面上的道路移動，就像螞蟻一樣。隨著下降速度越來越快，前面的機場越來越近，越來越快、越來越近，最後飛機降低到足以碰到大樓屋頂的高度，但我們不是在大

樓之上,而是突然從世界之上掉進世界之中。我們從某個知覺尺度進入另一個尺度。這樣的改變可說是深入內心,至少我感覺得到。

互補性

這樣的雙重性或許會讓人覺得有點怪怪的。讀者或許會問:「那它本質上究竟是什麼?」我們的身體究竟是單一的實體,還是由更小的組成部分(也就是彼此交互作用的細胞)形成的現象?答案當然是兩者皆是,兩者都永遠正確。

現實世界的這種兩面現象,量子物理學家稱之為互補性(complementarity)。互補性最著名的例子,應該是大家都知道、但不一定很瞭解的「光是粒子也是波」。

互補性的概念源自雙狹縫實驗,*這個實驗證明,我們以某種方式觀察光時,光的表現像一束粒子,但用

---

* 原注:第七章將進一步詳細介紹雙狹縫實驗。

另一種方式觀察時，又像連續起伏的波。光表現得像波動或像粒子，取決於實驗裝置和觀察方法，這種現象稱為光的波粒二象性（wave-particle duality）。顯而易見地，這兩個描述本身都不夠完整，不足以完全說明光的性質。波和粒子這兩個不完整的描述彼此互補。兩者必須通力合作，才能完整表達光的性質，各自提供另一方沒有的資訊；兩者之間的這種關係就稱為互補性。

波耳（Niels Bohr）是量子力學創始者之一，他於1928年提出互補性原理的概念，之後十分深入地加以思考。顯而易見地，沒有一個實驗能同時演示波粒二象性的兩個面向。大家都同意，在量子層級中，不可能同時呈現兩種狀態，這是存在本質的基本原理。然而波耳更進一步，主張互補性不只是以極微小的量子尺度描述存在時的基本性質，也是以日常生活尺度描述生物時的基本性質。[1]

此外，波耳也認為互補性是所有尺度的存在都具有的基本性質。這一點在他的理論中十分重要，因此他在獲得丹麥最高等級的大象勳章時，為自己設計了一個盾形紋章，其中就包含最能代表互補性的陰陽符

號。啊,可能因為邁入 20 世紀之後,科學界所有領域都變得越來越專科化,所以只有哲學和一小部分的科學在探討這些關於廣義互補性的概念。儘管如此,相關探究仍然相當活躍。

波耳設計的紋章。Contraria sunt complementa 意為「相反即為互補」。

互補性還有另一個呈現方式，就是一幅常見的黑白人臉側面輪廓圖，圖中兩個人臉之間的空間看起來像個花瓶。這張圖片畫的是什麼？是兩個人臉？還是一個花瓶？當然兩者都是，而且同樣正確。兩種看法都無法完整描述這個影像，都缺少某些要素。我們必須把兩個相反的看法結合成單一的互補性，才能構成完整的描述。

同樣地，「身體本身是單一的實體，還是細胞間活躍的交互作用形成的現象？」這個問題相當容易回

答：它是一種互補。它是單一實體，也是現象，但看起來是什麼樣子，取決於我們的觀點。我們觀察它的時候，是以日常尺度還是微觀尺度？在日常尺度中，我們的身體是單一的整體。但在微觀尺度中，這個整體化成許多組成部分，變成永不停止、活躍的細胞活動，在時間和空間上和其他細胞合作。兩種看法永遠同時成立，只不過我們任何時刻都只看得到其中之一。

現在我們的邊界在哪裡？

理解一個人的身體本身是單一實體，又不是單一實體，意義重大。其中一個重點是一個人身體的界線將會開始變得模糊。在日常尺度中，我的邊界是我的皮膚，讀者的邊界則是讀者的皮膚。現在閉上眼睛，感受手指接觸到這本書或用來讀這本書的裝置。在皮膚和物體接觸的地方，應該可以感受到自己和非自己之間有著清晰明確的邊緣。

但在微觀層次，我們的皮膚表面究竟有多清晰明

確？其實一點也不。最上層皮膚細胞在死亡之後就會剝落。事實上，我們家裡的灰塵大多是我們和使用這些空間的所有人身上掉落的皮膚細胞。所以在微觀層次，我們的邊界其實不是皮膚的最上層，至少還包含我們居住的空間。

現在想想看，一個人的身體不只由這個人本身的細胞組成。微生物體（microbiome）指的是我們的微生物的群落（大多是細菌，但也包含真菌和病毒），分布在皮膚表面，以及體內與外界連通的所有空間（例如呼吸道和消化道）的表面。在人體內的所有活細胞中，這些人類以外的生物所佔的比例超過一半。

微生物體不僅生活在我們體內，也是有生命的健康身體不可或缺的一部分。實際上，我們人類完全依靠人類和非人類細胞間的密切合作才能存活。

看看我們的手指，彎一彎手指關節。關節摺紋裡面的細菌擁有專屬於皮膚紋路的特殊功能。為了滿足自己的需求，這些細菌吸收死亡細胞的碎片和皮膚最上層的分子元件，製造潤滑劑，用以濕潤、軟化和保護摺紋處的皮膚，皮膚才不會因為關節彎曲造成的耗

損而裂開。

換句話說，沒有身體內外各處表面的細菌，我們人類就無法健康地存活。要是沒有這些細菌，皮膚將開始分解，變得相當容易感染。抗生素於第二次世界大戰期間問世之前，這類感染經常導致死亡。

近年來微生物體研究獲得的發現更令人驚奇。[2, 3, 4] 這些生物和我們人類自己的細胞一樣，都是身體不可或缺的一員，但也會在我們接觸其他物體時離開我們，例如門把、行動電話、檯面、筆，以及其他人類等。我們和別人握手、親吻或擁抱時，就會有一部分的「我們」留在別人身上，別人也會有一部分跟著我們。這個細菌交換過程既深且廣，所以同住在一起的人（和寵物）的微生物體將會結合成龐大的共同微生物體，這個連續的多細胞實體籠罩著所有孤立的人（以及狗和貓）——它是一片巨大的、或說一群微生物。此外，這些不同物種和生物形式的群落，包括細菌、人類細胞、貓的細胞、狗的細胞等等，在生理上彼此交織，每個部分都影響其他部分的生理，也影響整體的生理。

第四章 細胞層級：人類的身體和細胞

這又是什麼意思？如果將這個關於共同微生物體的事實放在心上，我們和外界之間的邊界將會開始變得更加模糊。我們的極限會突然擴大，涵括我們在日常生活中偶然觸碰到的任何人或物品，以及和我們有身體接觸的任何人。我們的空間邊界將會因此擴展到皮膚以外。

進入微觀的細胞層次時，時間邊界也會改變。想想看今天的身體，再想想看昨天的身體、上個月的身體和去年的身體。想想看我們剛成年、青少年、兒童、幼兒和新生兒的時候——在細胞層次，每個細胞都來自先前我們身上的另一個細胞。再早一點，從新生兒到胎兒再到胚胎，中間沒有區隔——每個細胞都來自先前就存在的細胞，從胚胎到受精卵。在這之前呢？同樣沒有邊界——當初形成我們的卵子和精子，是我們父親和母親身體的一部分。如果只看母親這邊，會發現卵子是我們母親先前身體的一部分，而且最後同樣是她母親的身體的一部分。接著是母親的母親，再接著是母親的母親的母親。如此一直追溯到三十萬年以前，這時的母親甚至可能不是智人，而是直立

人，接著是巧人，再沿著演化樹回溯到早期哺乳類、早期兩棲類，一直回溯到我們是簡單多細胞生物，再回溯到單細胞生物，以及可能存在的單細胞生物共同祖先。

地球上各種各樣的生物不只是空間上，在時間上其實都是一個單一的龐大生物，如同我們每個人（在自己心中）在有限的生命中，似乎也像是與自己有所不同的人一樣。

因此，我們還有另一種互補性：我們每個人都是獨立的人，也是極度微小又極度短暫的一個單位。從這個觀點看來，一代代人類的交替，無論平靜或混亂，其實都只是皮膚細胞脫落的過程而已。

複雜之美

第五章

分子層次：細胞學說之外

細胞學說主張，所有生物都由細胞構成，所有細胞也都來自先前的細胞。顯微鏡問世之後，人類終於能透過放大鏡觀察組織，親眼看見細胞。科學家由此確立這種現代生物學研究方法，也成為西方醫學的概念基礎。

發明顯微鏡和確立細胞學說之前，我們又是怎麼想的？在起源於古希臘的歐洲文化中，人體的組成被視為哲學問題，而不是科學問題。哲學家猜測人體可能由不可切分的子單元（也就是「原子」）*組成，也

---

* 譯注：這邊的「原子」（atoms）為古希臘原子學說中假設的原子，並非直接等同於現代科學中，作為化學性質的基本單位的原子。

可能是由可無限切分的流體組成。當時還無法在微觀層次直接觀察,獲得答案,所以這個哲學爭議持續了兩千多年。

顯微鏡問世之後,真想不到,細胞壁(植物)和細胞膜(動物)都看得到了。細胞看起來就像中空多邊形。如果把這樣的多邊形切分開來,得到的不是更小的多邊形,而是多邊形的碎片。依據這點,我們可以得知人體的基本性質:人體由無法切分的子單元,也就是原子組成。這些子單元當時被稱為小房間(cells),[*]因為它看起來就像是修士或囚犯的單人房。房間有牆壁、天花板和地板,但是裡面沒有家具。細胞學說由此誕生。

多年之後,顯微鏡學家發現,對載玻片上的組織施加不同的化學物質,可使細胞中的不同的部位染上顏色,藉以發現新的細節。這些染色劑(其中許多我在日常診斷工作中仍然經常使用)可呈現以往看不見的細胞結構,例如細胞核、粒線體、核糖體、高基氏

---

[*] 譯注:cell 也是今日所說的細胞。

體和內質網等。換句話說，我們開始把家具放進空房間裡。

如果當初這種科技的發展不是這樣的話，會是什麼狀況？如果人類最初用顯微鏡看到的不是細胞壁或細胞膜，而是細胞核，又會發生什麼事？早期的顯微鏡學家可能會說：「看，人體是由可無限切分的流體組成！」他們會看到小小的球形細胞核散布在其中，但呈現的是人體的基本流體性質。在這個平行歷史中，流體學說將成為西方醫學和生物學的基礎典範。到了後來的年代，科學家使用某些特殊染色劑，第一次看到細胞膜時，他們也不會改口說：「哦我們錯了，身體是由細胞組成的。」只會說：「看，連續的人體流體內有半滲透性的分區。」

那麼它究竟是什麼？人體是由分離的細胞還是連續的流體組成？在這裡，我們又看到了互補性。這兩種不同的看法都闡明了關於人體的不同事實，兩者各自呈現另一種看法看不到的面向，但也隱蔽另一種看法呈現的細節。同樣地，要完全理解整體，必須同時納入兩種觀點。這兩種看法看起來彼此矛盾，但也相

輔相成。

流體學說或其他人體模型能讓我們瞭解哪些被細胞學說隱蔽的事物？有一種可能是，我們或許能更瞭解針灸的效果。現在醫療專業人士都知道，用針刺激人體的適當位置（也就是穴位）可消除發炎、緩解肌肉痙攣，以及緩和疼痛或反胃等不適感。這些效果都可以檢驗和再現，但目前還無法以標準解剖學或細胞學說完整解釋。在解剖學上，這些穴位並未對應任何神經、血管、淋巴管，或任何可見的解剖結構。此外，目前也沒有發現專屬於穴位的細胞種類。因此細胞學說似乎無法解釋針灸，但把人體視為流體或許可以提供相當有用的理解。[1]

的確，更靈活的人體性質觀點為我們帶來的效益很可能比西方科學和醫學來得更大。細胞和連續流體這兩種互補的觀點，也和電磁場和量子場一樣，有助於溝通西方醫學和其他健康與療癒文化的概念或描述差異，例如南亞地區、西藏、中國，以及許多國家的薩滿傳統。複雜性理論將可協助我們進一步探討這些概念。

流動的人體

如果構成生物的細胞不是形狀明確的基本實體，那麼尺度比它更小的東西是什麼？流動的人體提供了答案，就是漂浮在水溶液中的分子。我們都知道，人體含有大量的水，分布在細胞內外。營養分子要輸送到活組織中，必須依靠液體流動，運走細胞新陳代謝產生的廢物分子時也是如此。生物分子為了要能旺盛地交互作用和改變位置，也必須懸浮在流體中。

以下就是一個例子：界定細胞外邊界及容納細胞其他部分的細胞膜，由磷脂（phospholipid）這種分子構成。這種分子的一端帶有電荷，且具有親水性，因

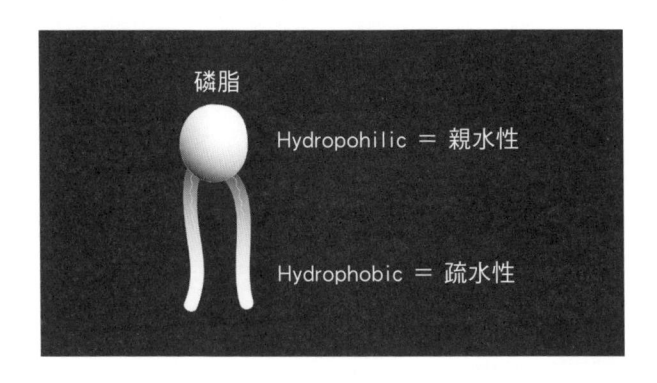

磷脂
Hydropohilic ＝ 親水性
Hydrophobic ＝ 疏水性

此很容易溶於水中。這種分子的其他部分是油脂狀的疏水性脂質，不帶電荷，也不溶於水，但可溶於其他油脂中。疏水性的一端能接在分子的另一頭，讓磷脂看起來像長長的旗子在風中飄揚。

我們知道把油滴進水中會是什麼狀況。油有疏水性，油和水會明顯分層，如果用力搖晃，則會使微小的油滴散布在水中。

當細胞膜分子和水混合時，一端溶解在水中，但另一端無法溶解，所以轉而向內，形成一片區域，把水排除在外。突然，這些分子形成了內側和外側。這個現象本身就是一種突現的自我組織。

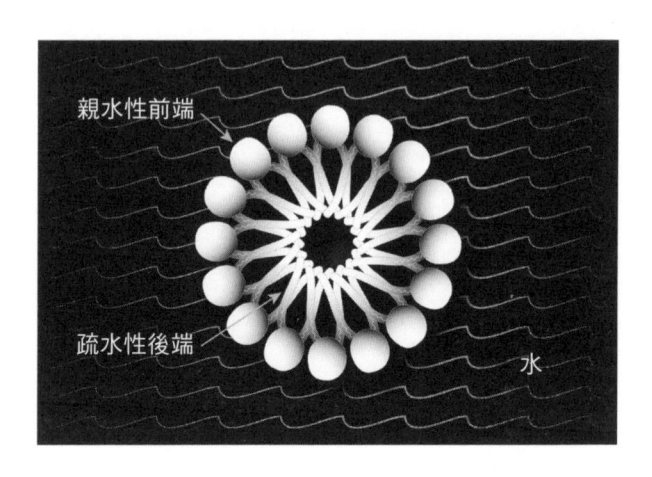

第五章　分子層次：細胞學說之外

　　分子的數量如果夠多，將會形成脂質雙層，也就是兩層分子共同形成一層膜。這層膜的兩面都是可溶於水的親水性前端，裡面則是兩層疏水性後端彼此相對，排出兩者之間的水。

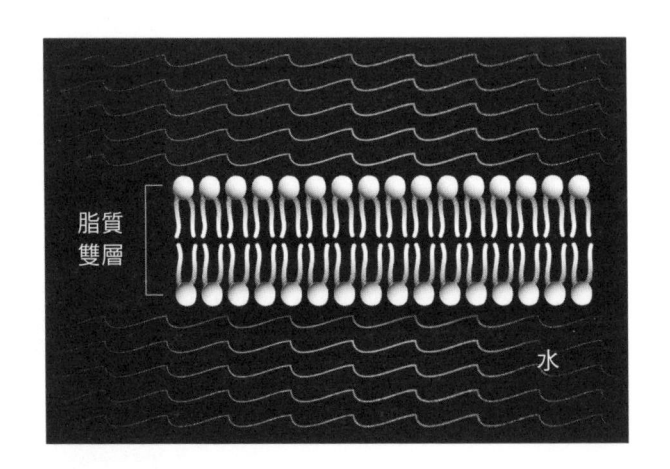

脂質雙層

水

　　好了，這就是漂浮在水中的分子自我組織形成的結構。這個結構不是某個人「設計」的，但兼具穩定又靈活可變的性質，非常適合成為劃分細胞內外的邊界。

　　這些分子似乎很適合成為複雜系統的成員，但如果希望更加確定這點，必須找出分子尺度中是否具

有驟冷無序的狀態。為了尋找驟冷無序,我們可以觀察漂浮在水中的分子如何被水分子的快速攪動持續衝擊。這種現象稱為布朗運動(Brownian motion)。[*] 水的溫度越高,水分子的動能越大。水分子運動速度越快,水分子彼此之間以及和漂浮在水中的其他分子碰撞的力道越強。不過如果水的無序程度太高,分子的自我組織就不可能存在。

電影院常見的爆米花可以說明程度恰到好處的碰撞如何達成這個目標。一整包爆米花裡有各種大小的顆粒,從膨鬆又完全爆開的爆米花,到又小又硬又沒有爆開的玉米粒不等。但小時候如果看過電影,就會知道如何避免吃到沒有爆開的玉米粒咬斷牙齒:只要搖一搖袋子就好。搖得太用力,爆米花會飛得到處都是;搖得太輕,效果又不好。但如果搖得恰到好處,各種大小的爆米花就有機會在袋子裡移動位置。爆得

---

[*] 原注:布朗(Robert Brown)是 19 世紀蘇格蘭植物學家。他指出花粉顆粒漂浮在水中時,運動方式相當奇怪。愛因斯坦發表於 1905 年的論文中,有一篇解釋這類運動是花粉顆粒受到水分子持續衝擊的結果。

很大的爆米花之間的空隙最大，可以讓爆得較小的爆米花掉下去。接著輪到玉米碎片掉進這些空隙，快速地依據大小排列。最後，沒有爆開、所以最重最小的玉米粒會掉到最底下。再增加一點動能，秩序就會變成混沌。

在脂質雙層的例子中，正常體溫下，水分子的動能正好可以產生恰到好處的碰撞，讓細胞膜分子晃動到適當的位置。

人體不是機器

細胞學說於 17 世紀興起之後，到了工業革命時期，西方科學對人體本質的看法再次出現重大改變。科技進展和理解飛躍性的成長，把能量轉換成機械動作，藉以取代人工的機器迅速發明問世。這些發展使大眾普遍認為人體的構造也如同機器一樣（或者說機器可能會越來越像人體）。

直到現在，機器依然是生物學的主要隱喻。細胞依然被稱為人體的「建構元件」，用來組合成組織或

器官。「組織工程」（Tissue engineering）正是基於這個隱喻所建立的領域。

但細胞絕對不是沒有生命、可以任意組合的磚塊。要製作活的組織或器官（例如供心臟或肝臟移植使用的細胞），目前最成功的方法是取一片組織甚至整個器官，去除所有細胞，只留下基本的生物分子支架，接著在這個基本支架上培養新的人類或動物細胞。這個支架能為移植的細胞提供正確的結構和分子訊息，讓它們彼此交互作用，慢慢自我組織，形成符合新器官生理運作的突現性質。對這個過程而言，「工程」或「建構」都不是精確的隱喻。我們是在分子環境中「培養」健康而複雜的細胞生態系。[2]

要描述能結合成所謂「分子馬達」的龐大分子時，這個機器的隱喻同樣會面臨失敗。分子馬達是指能產生實體運動的分子複合體，例如使細胞的胞器在細胞質內移動，或讓細胞在身體內移動等。不過它們和馬達真的有任何相似之處嗎？

有個典型的分子馬達範例是肌動蛋白和肌凝蛋白的配對，這兩種龐大的分子充滿在肌肉細胞的細胞質

中，功能是讓肌肉收縮。我在醫學院學到它們如何運作，其實相當簡單：肌動蛋白絲是長直的螺旋形纖維，肌凝蛋白絲則有個可動的肘形彎曲。肌凝蛋白的頭部位於肘形彎曲較短的一端，與肌動蛋白結合。此外，能量分子三磷酸腺苷（ATP）可以和肌凝蛋白的頭部結合。

ATP 分解後會釋出能量，使肌凝蛋白形成肘形彎曲。能量消散後，肌凝蛋白分子的彎曲消失，但沿著肌動蛋白向前挪動了一點。隨著這個過程不斷重複，肌凝蛋白就會沿著肌動蛋白「移動」。肌細胞中數千個肌動—肌凝蛋白配對會同時重複這個運動，所有分子彼此滑動，整個細胞因而收縮。當所有細胞一起動作，就會使整條肌肉收縮，讓手指活動、心臟跳動，或是讓頭部轉動。

現在請動手抓抓自己的額頭。

好了。

這個現象無疑十分神奇，但日本生物物理學家柳田敏雄（Toshio Yanagida）進一步觀察個別肌動—肌凝蛋白對時，發現了不同於這個機械過程的現象，

複雜之美

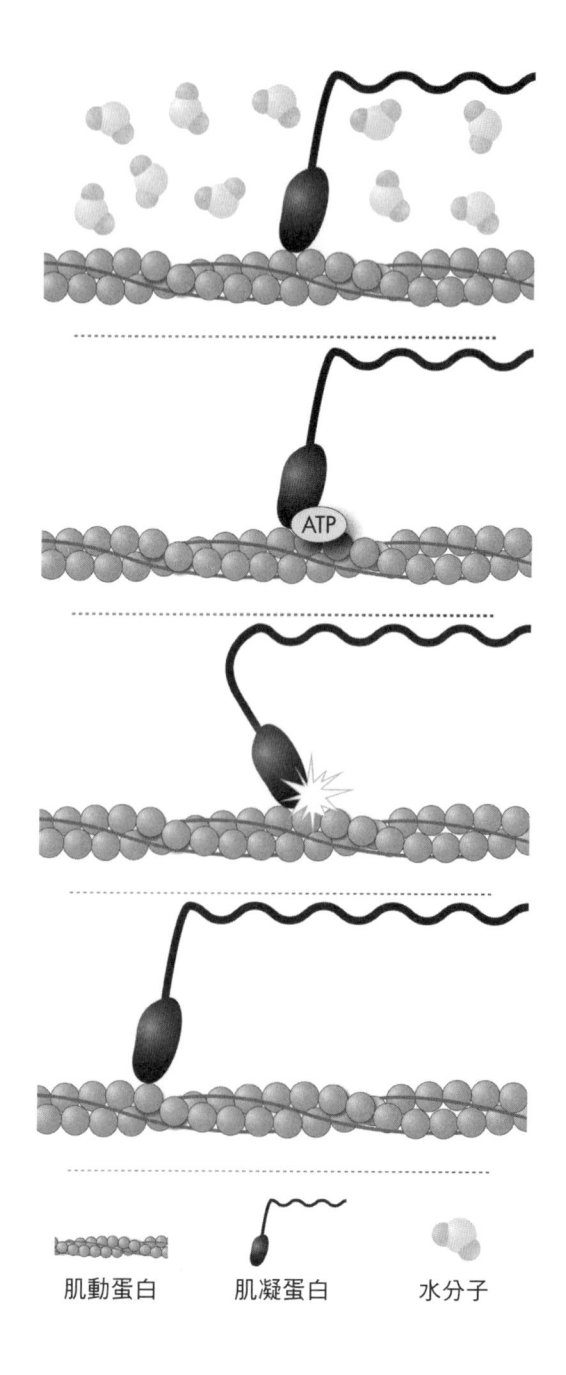

肌動蛋白　　肌凝蛋白　　水分子

這個令人驚奇的現象能協助我們從分子層次理解複雜性。柳田敏雄設計出一個複雜的實驗，用「雷射鑷子」*（讀者應該會喜歡）夾起一條肌動蛋白絲，放在螢光顯微鏡下觀察。相對的肌凝蛋白也加上了螢光標籤，這樣只要它和肌動蛋白分子結合，就可即時觀察肌凝蛋白的微觀運動。

依據常見的 ATP 驅動運動模型，我們預測單一肌動—肌凝蛋白配對的運動過程應該會和肌細胞內的大量分子相同，也就是 ATP 結合、能量釋放、肌凝蛋白移動。但柳田敏雄看到的現象不是這樣。他發現在 ATP 加入之前，水分子的動能就會撞擊肌凝蛋白絲，使它向前移動，偶爾還會突然後退，水分子的布朗運動又出現了！

接下來，ATP 加入之後，與肌凝蛋白頭部結合，肌凝蛋白頭部再和肌動蛋白結合。ATP 釋出能量時，肌凝蛋白脫離，同時移動。換句話說，ATP 的能量大

---

* 原注：阿希金（Arthur Ashkin）以這項研究獲得 2018 年諾貝爾獎。

複雜之美

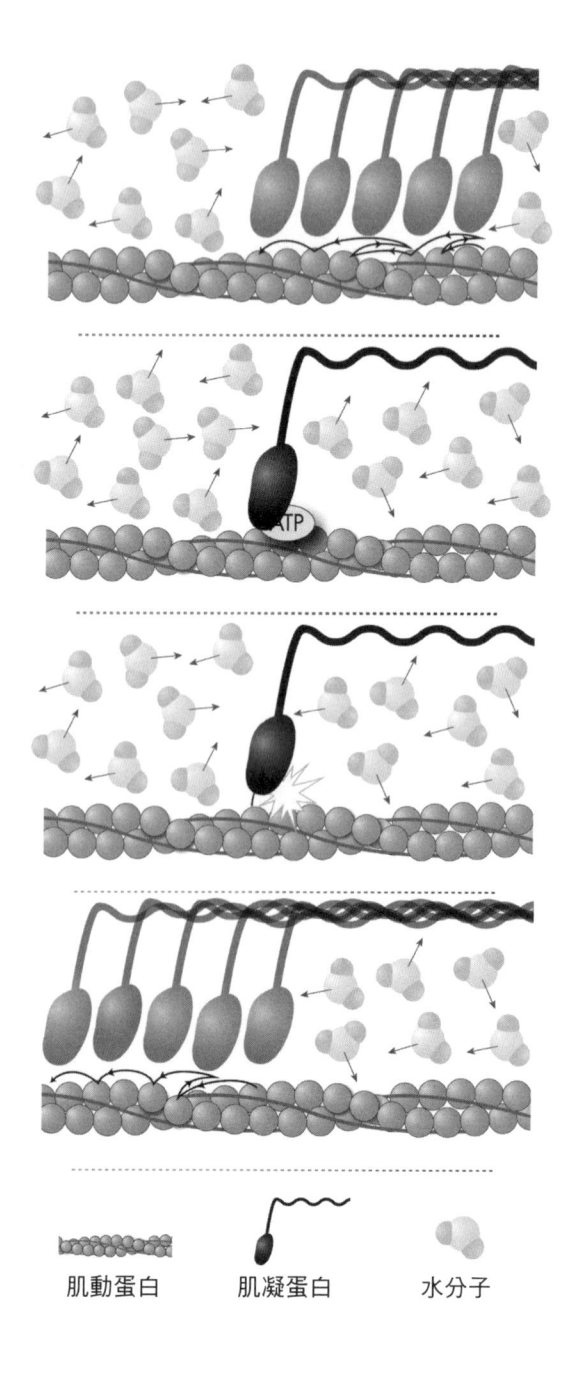

肌動蛋白   肌凝蛋白   水分子

96

小恰到好處——不是用來讓分子移動，而是能制止無序的布朗運動，所以能產生方向固定的運動。因此，這個分子機制可以主動使無序進入驟冷狀態，讓複雜系統發揮作用。

的確，許多「分子馬達」——包含與基因轉錄和胞器在細胞質內移動有關的分子對，進行交互作用的能量來源都是水的動能，而不是一般認為的 ATP 等能量運輸分子。在這些例子中，能量分子釋出的能量不是直接用來驅動分子移動，而是用來限制無序的布朗運動。無序的布朗運動才是運動能量的實際來源。

體溫對生理運作的重要性於是變得相當顯而易見。恆定的體溫為什麼對生命而言那麼重要？我們現在知道，如果體溫太低，分子就沒有足夠的動能來供應生理運作。我們的分子也就不會自我組織為功能正常的活細胞，我們也將死亡。

另一方面，如果動能太高，同樣無法形成有序的自我組織。發高燒的人體將使分子運動從有序變成無序。如果無法維持必要的結構（例如脂質雙層）或發揮必要的功能（分子馬達運動），我們將會死亡。

體溫必須恰好在相當狹小的範圍之內，才能在攪動分子的能量和限制無序的能量之間達到平衡，藉以維持生命。這樣的平衡在分子層次形成了一個安全恆定的區域，讓細胞和身體得以存活。

■ ■ ■

在分子的層次，我們的身體和世界之間的邊界在哪裡？如果和探討細胞時一樣，把我們對實體存在的感覺定義為構成它的材料，則身體的邊界就是它的材料分布範圍。

想想看，如果有個人住在森林深處，在自然界的款待下自給自足地生活。這個人完全依靠覓食、採集和狩獵取得維生要素，也就是食物、水和空氣等營養分子。另一方面，這個人的身體產生的廢物分子（包括二氧化碳、汗、尿、糞便等）又成為森林中所有生物的養分來源，從單細胞生物到十分複雜的樹木和動物等。這樣的森林居民不僅僅住在森林裡，也融入了森林。

即使我們居住在城市裡，工程環境僵硬死板的本

第五章 分子層次：細胞學說之外

質隱蔽了我們和活生生的世界之間存在的緊密連結。我們對周遭環境呼出分子（二氧化碳）、分泌分子（水、費洛蒙），也排出分子（尿液、糞便）。另一方面，我們吃下食物，分解成可吸收的分子（蛋白質、碳水化合物、脂肪），從地球上的植物吸入氧分子，透過皮膚吸收分子，有時是主動的（例如皮膚保養品），有時是在日常生活中無形的發生──因為我們接觸的每個表面可能都有能吸收的分子。

讀者或許會說，我們身體裡的分子才是我們自己的，但就互補而言，「我們自己」的分子和周遭世界中的分子其實沒有實際區別。這些分子會從體內排出體外，也會從體外進入體內。在分子層次和細胞層次一樣，我們每個人隨時都和地球上的所有生物物質緊密相連。

複雜之美

第六章

原子層次：蓋亞

當然了，分子不是宇宙的基本物質，細胞也不是。分子是由自我組織的原子組成，聚集成水分子、碳水化合物、蛋白質、脂肪、可吸入的氧和二氧化碳、肌動蛋白和肌凝蛋白、ATP、RNA 和 DNA 等。

原子跟細胞和分子一樣，符合自我組織的複雜系統的所有條件：有大量的「組成部分」彼此交互作用、這些交互作用由正回饋和負回饋迴路掌控（在這裡指的是所有化學定律），並且所有原子或一小群原子的行為只有局部性的影響，不負責監控整個系統的狀態——這裡所謂的「整個系統」是指每個原子所屬的整個分子。

有關系統中的驟冷無序狀態，在某些狀況下，原

子的表現是完全不受拘束的,例如氣體或高溫液體。而在某些狀況下,原子的表現則是完全不自由的,例如方糖或鑽石的晶體。在另外某些狀況下,原子可形成混沌系統,就像熔化的鐵在地核中不斷旋轉一樣。但這些原子以化學鍵結合成分子時,同樣會形成隨機性有限的區域。原子軌域中電子的表現、系統的溫度和壓力,以及原子間的接近程度等,都只容許特定原子組合存在,排除其他組合——這些都是原子層次的隨機性限制因素。

到了這個尺度,我們身體的邊界又在哪裡?我們體內的細胞大多會持續輪替。有些細胞會在幾年內整個更新,有些則每隔幾年更換一批細胞,所以我們體內大多數分子(或說原子)也會回到地球,永不停息地循環和更換。[*]

從這個觀點看來,我們是不是在地球這個行星上活動的生物?或者我們其實就是地球本身,是地球的

---

[*] 原注:唯一的例外是不分裂的細胞不會複製 DNA,這些 DNA 分子十分穩定,也不參與循環。

原子自我組織起來，形成我們這些短暫無常的生物？這些生物認為自己可以自給自足且彼此獨立，但其實都源自地球的原子，未來也一定會回歸地球。

隨著我們探討的尺度越來越小，我們的邊界則越來越向外擴大。在原子尺度，我們每個人是獨立的自我，以互補而言，也是會走路、會講話的地球。

這個概念其實是以另一種方式表達英國生物學家洛夫洛克（James Lovelock）的蓋亞假說（Gaia hypothesis）。1970年代初，洛夫洛克提出，從邏輯和科學上看來，我們可以把地球本身視為單一的生物。[1] 許多人認為他的想法最多只能算是幻想，甚至可說是荒謬的胡說八道。儘管如此，他仍然努力邁進，嘗試建立電腦模型來說明地球的有機（有生命）和無機（無生命）面向其實緊密連結，具有自我調節和適應的能力。

洛夫洛克和華生（Andrew Watson）合作建立了史上第一個蓋亞模型。他們最初建立的是簡單的雛菊世界（Daisyworld），這個世界的溫度由日光和生長在地球表面的黑白雛菊調節。這個模型演示了即使日

光量改變，生物行為仍然能使地球的無機性質（溫度）產生恆定的振盪。換句話說，地球面對環境改變時，有能力適應環境和維持穩定。

他們設計的第一款雛菊世界相當簡單。黑雛菊顏色較深，有助於吸收周圍的日光，提高溫度，比較適合生活在涼爽的環境。白雛菊能反射日光，降低溫度，所以比較適合生活在溫暖的環境。

洛夫洛克和華生記錄兩種雛菊的族群數量在日光強度改變時的變化，發現雛菊能自己把地球的溫度調節在最佳狀態。雛菊永遠遍布整個地球，但黑白兩色的比例會改變。日光變得越強，白雛菊長得越茂盛，很快就使世界達到臨界點；因為佔多數的白色花朵會把日光向外反射，溫度隨之降低。同樣地，日光減弱、雛菊世界的溫度降低時，黑雛菊就會茂盛起來；接著黑雛菊吸收日光，使世界的溫度再度升高。

雛菊世界示範了地球的有機和無機要素有可能互相配合，形成單一、自我調節的活系統。從遠處觀察時，雛菊世界彷彿會主動監測日光的改變，產生協調的反應，保持溫度穩定。但洛夫洛克和華生完全沒有

在模型中設計這類全面感測或由上而下的規畫；這個自主調節功能和所有複雜系統的調節功能相同，完全源自由下而上的局部交互作用。

不過雛菊世界太過簡單，沒有大氣、也不具生物多樣性，不能當成精確或可用的地球模型。此外，雛菊的死亡率固定在一個單一、不變的生命週期中。這點顯然使這個模型更加違背地球的真實狀況。因此批評者預測，如果加入更多環境細節，例如大氣、更多樣化的植物和草食和肉食動物等其他生物等，雛菊世界應該就會失去穩定性。

但情況不是這樣的。系統中的生物多樣性越高，雛菊世界會越穩定。進一步的實驗證明了這個假設的精確程度。洛夫洛克和極富遠見的生物學家馬古利斯（Lynn Margulis）合作，*以她的微生物學專長搭配洛夫洛克的地球物理學（geophysics）專長，他們不僅證

---

* 原注：在和洛夫洛克合作之前，馬古利斯在自己的研究領域中就相當特立獨行。她提出內共生（endosymbiosis）理論，主張胞器原本是細菌合併的結果：被吞噬的生物進入細胞內部，成為粒線體和葉綠體等胞器。這個理論和蓋亞一樣，起先遭到嘲笑和拒絕，但後來成為演化生物學的重要領域。

明批評者的說法錯誤,也將蓋亞理論提升為堅實的研究領域。

現在,洛夫洛克首先提出這個理論的幾十年後,蓋亞理論已經成為主流概念。這個概念現在更帶動了氣候和地球物理研究的進一步發展。

我們先前討論的「地球是原子」和「地球是蓋亞」的看法十分吻合。原子是無機(沒有生命)結構,但有機結構都是無機結構在各種尺度下,經由十分複雜的自動調節模式形成的。到最後,有機結構將透過生與死的循環過程,在原子層次回歸無機領域,就像我們的身體歸於塵土一樣。

所以有機和無機並非各自獨立的。它們不是彼此互斥,而是彼此互補的兩個部分,共同組成一個有生命的行星。

我清楚記得這些抽象概念第一次出現在我心中的感覺。當時是 2011 年,我正在觀看火星探測車好奇號(Curiosity)傳送回地球的第一批影像。來自火星表面的迷人實況出現在螢幕上時,我想到美國太空總署(NASA)所有工程師和科學家,投注數十年心力,

創造這些科技，讓我們把好奇號送上火星。這種激動和 1969 年，十歲時的我看著黑白電視上登陸月球的實況轉播一模一樣。想著這些科學家的個人和集體創造力，從以前到現在都讓我深受啟發又肅然起敬。對人類科學成就締造的各種可能，我心中充滿激動和自豪。

然而，複雜性呈現出另一個比較不以人類為中心的看法。互補的觀點會認為，地球上的原子在近三十五億年來慢慢地自我組織起來，試圖接觸與地球距離最近的行星，也就是火星。

如果在火星或另一個遙遠恆星周圍的行星系統上，某個尚未發現的角落裡，原子仍然在自我組織成生物，這些生物有一天或許也會試圖跟我們接觸。其實這說不定已經開始了。

複雜之美

第七章

次原子層級：量子奇異性

原子和細胞與分子同樣不是最基本的物質：它們都由質子、中子和電子等自我組織的次原子粒子組成，其中有些次原子粒子又由其他次原子粒子組成。依據粒子物理學標準模型，構成實體世界各種物質的基本粒子共有三十種。*

這些基本粒子包括電子等帶有電磁性的輕子（lepton），和不具質量、在宇宙中毫無阻礙地四處

---

* 原注：標準模型中的粒子數量依計算方式而定，但三十種是常見的說法。不過我們知道這個模型有個地方不夠完整，就是它不包含假想的「暗物質」粒子。我們可由星系的運動推斷暗物質存在，因為它能藉由重力效應與物質交互作用。目前暗物質粒子仍然無法直接以電磁性、強核力與弱核力、人類的感官或望遠鏡等器材偵測，因此對我們而言確實是「暗」的。

遊走的微中子（neutrino）。還有傳遞強核力的介子（meson）；強核力是使質子與中子結合在原子核中的作用力。接著是構成質子和中子的夸克，以及同樣傳遞強核力、使夸克結合在對應粒子中的膠子（gluon）。玻色子（boson）可傳遞弱核力；弱核力會出現在鈾原子的核衰變，以及為太陽提供能量的核融合反應中。其中最著名的應該是所謂的「上帝的粒子」，也就是負責產生質量的希格斯玻色子（Higgs boson）。標準模型預測的粒子中，希格斯玻色子是最後被發現的。幾年前科學家終於發現它時，也證實了這個模型的一致性。

這三十個基本粒子和先前的分子與原子一樣，都符合複雜性的條件。為了在這個尺度中找出驟冷無序的形式，我們需要參考量子力學和它預測的怪異現象。這個有名的奇怪現象可以在著名的雙狹縫實驗中演示，證實光具有波粒二象性。

當你朝螢幕發射一束電子（或光子，或其他次原子粒子），可以照亮螢幕。聚焦精確、所有粒子朝相同方向移動的光束（粒子為光子時也稱為雷射），

可以在螢幕上形成清晰的光點。而在聚焦不良的光束中，粒子比較分散，所以光點就比較模糊。我們可以想像每個電子就像小小的子彈，想像它從投射器到螢幕的路徑，輕易地預測它將擊中哪個位置。

接下來，我們在投射器和原有的螢幕中間加上一個螢幕。如果在中間螢幕上開一道垂直狹縫，投射器射出的光大部分電子都將被中間的螢幕擋住，只有一小部分通過狹縫，到達較遠的螢幕。我們很容易想像

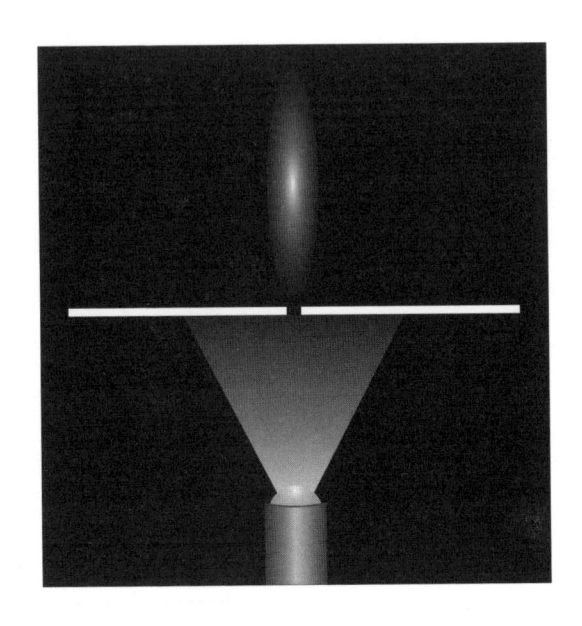

光在螢幕上呈現的樣子：它會形成一道垂直光柱。粒子方向一致時，光柱較亮，如果聚焦不良，光柱則會比較模糊。

顯而易見地，如果在中間螢幕上開兩道狹縫，就會出現兩道光柱，對吧？

不對。歡迎體驗量子世界的奇異性：螢幕上出現的不是代表兩道狹縫的兩道垂直光柱，而是繞射圖樣，由一連串彼此平行、也平行於垂直狹縫的直線構

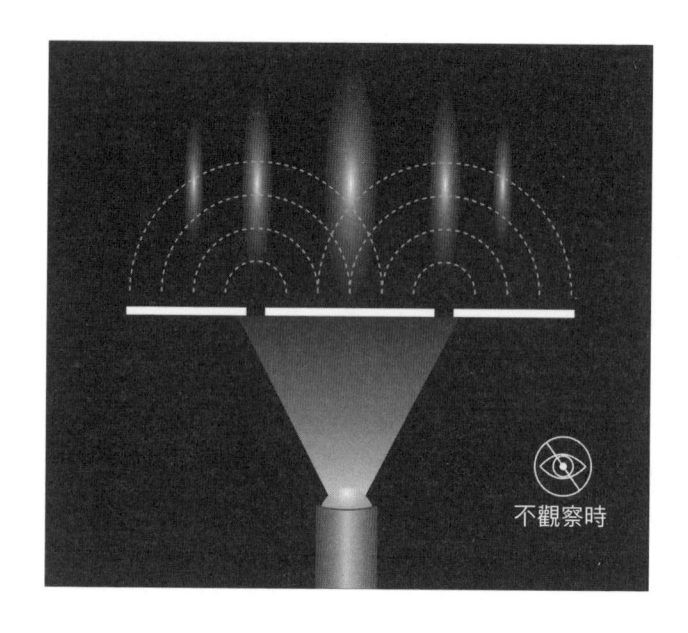

不觀察時

成。中央的亮線最亮也最清晰，兩側的亮線隨距離而越來越暗、越來越模糊，亮線之間完全黑暗。這是怎麼回事？

假設我們站在水池的一側，朝池中丟下一塊石頭。圓形的波浪會從石頭落入水中的位置向外不斷擴大，直到波浪碰到另一側的池壁。這些波浪具有交替出現的波峰和波谷，波峰是水最高的點，波谷則是最低的點。如果我們丟下兩塊石頭，兩者之間有一段距離，波峰和波谷仍然會碰到遠端的池壁，還會彼此重疊（又稱為干涉），因此產生繞射圖樣。兩個波浪的波峰重疊時會形成更高的波峰，波谷重疊時形成更深的波谷。在兩者之間，也就是波峰和波谷重疊時，則會彼此抵消。現在我們來看看雙狹縫實驗的狀況：光束的表現不像子彈狀的粒子，而比較像波浪。

怎麼搞的？

只有一道狹縫時，光束的表現接近粒子，就像一群細小的子彈打在較遠的螢幕上。但有兩道狹縫時，光束又突然變得像波浪？怎麼會這樣？

原因或許是這些粒子**一起**形成了波浪？畢竟水的

波浪也是由 H_2O 分子組成。這些粒子可能因為某種原因，一起以波動的方式行進，和潮水中的 H_2O 分子一起行進一樣。或許這兩者其實並不矛盾。

要檢驗這個假設相當簡單，就是每次只讓一個電子通過。這種狀況下，我們認為電子應該會像子彈一樣，只通過其中一個狹縫，不是左邊就是右邊，逐漸累積起來，所以最後會在較遠的螢幕上形成兩條亮線，不會像以波浪方式行進的大量粒子一樣，形成繞射圖樣。

不過，在每次只發射一個電子的實驗中，結果仍然不是兩條亮線，而是繞射圖樣！

彷彿每個電子到達第一個螢幕時，會自動擴散成波浪，同時通過兩個狹縫，在較遠的螢幕上自己跟自己形成干涉！我們顯然需要進一步觀察實際發生的狀況。所以我們改進這個實驗，在兩個狹縫裝置偵測器，觀察電子如何通過狹縫。它是每次通過一個狹縫，還是同時通過兩個狹縫？

現在狀況更加奇怪了。偵測器觀察單一電子時，電子像子彈一樣，只通過兩個狹縫之一。在這個實驗

中，沒有出現繞射圖樣，較遠的螢幕上只有兩條亮線，完全如同我們最初的預測。但偵測器關閉那一刻，也就是我們不再觀察電子的時候，電子又變得像波浪一樣通過兩個狹縫，再度形成干涉圖樣。

我們反覆進行這個實驗。偵測器開啟時，結果是兩道光柱，電子像子彈一樣；偵測器關閉時，結果是繞射圖樣，電子又變成波浪。

這就是波粒二象性。我們探討的對象無論是光

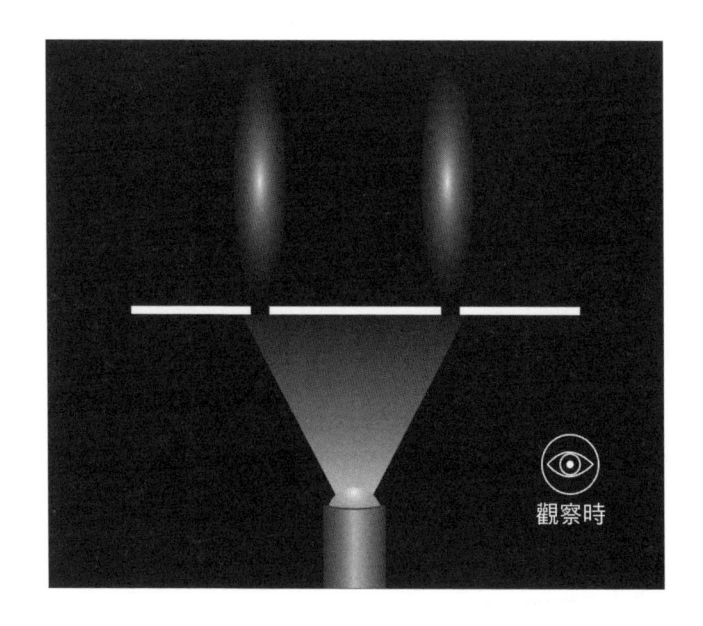

子、電子,或是其他量子尺度的實體,它們的粒子性或波動性都取決於我們觀察的方式。

事實上,雖然我們經常提到「次原子粒子」,但這個名詞其實只對了一半;它反映了原本用來描述日常生活經驗的語言,在描述量子現象時遭遇的限制。在量子層次,得自日常經驗的直覺是沒有用的。或許套用原有詞彙,笨拙的用「波粒」來表達這種雙重性也是一種方法,但表達起來終究無法像一般說法那樣充分。要精確描述量子現象,必須藉助數學語言,但即使達到這樣的精確性,狀況仍然會變得更加奇怪。

另一位基礎量子物理學家薛丁格(Erwin Schrödinger)以**波函數**這種數學公式表達粒子的波動性。這些計算指出,螢幕上的干涉圖樣其實代表我們進行**觀察**時,粒子在空間中可能出現在某個位置的**機率**,這個機率和波動相仿。

我們開始觀察電子之前,它彷彿位於整個空間之中,出現機率有高有低,像波峰和波谷一樣交替出現。接下來,我們開始觀察時,電子只會出現在特定位置,像粒子一樣。這個奇怪的現象稱為「波函數塌縮」。

第七章 次原子層級：量子奇異性

波函數定義了量子尺度的驟冷無序。薛丁格的波方程式指出波峰和波谷：從電子最可能出現的位置（例如環繞我們面前的某個原子）到宇宙最遙遠的邊緣，波峰和波谷的幅度逐漸縮小，就像波浪（例如船的尾浪）擴散得越遠，高度越來越低一樣。因此，電子的可能位置並非完全隨機，這個隨機性是受限的。

這個現象還有另一種表達方式稱為量子場論。目前為止，我們都由粒子出發來想像量子領域，再說明粒子有時表現得像是波動。但如果由它的波動出發，又會是什麼狀況？量子尺度的實體將是波動狀的能量活化狀態場，範圍涵括整個宇宙。我們以適當工具觀察到的「粒子」，是這個場最顯而易見的區域。這個「粒子」是波能量的封包，稱為量子（quanta）。* 瞭解這點之後，「局部」和「整體」就沒有區別了。在量子領域，所有組成部分（也就是涵括全宇宙的波動場）都和整體一樣廣闊，對所有組成部分而言也都是局部。

---

* 原注：量子物理學因此得名。

「非局域性」（nonlocality）這個奇怪的概念，是所有量子系統的標誌，也是量子系統使愛因斯坦感到氣餒的特徵。他和量子物理學的第一個爭論是，量子物理學相當依賴機率。他認為這代表這個理論有很大的錯誤，上帝「不會擲骰子」來決定宇宙。[1]

愛因斯坦還曾經貶斥這種整體就是局部的概念是「鬼魅般的超距作用」，用以回應1935年一項合作研究提出的概念。[2] 這是愛因斯坦和物理學家波多斯基（Boris Podolsky）和羅森（Nathan Rosen）設計的想像實驗。這個實驗後來以他們三人的姓，命名為EPR悖論。EPR悖論試圖證明量子理論不可能成立，他們希望藉此證明量子理論完全不正確。他們參照基本量子原理斷定，如果兩個粒子出自單一量子事件（例如某種核子衰變），則依據量子理論，這兩個粒子會彼此「纏結」（entangled），代表即使把它們分別放在宇宙的兩端，兩者也具有相同的量子性質。

這個發現似乎相當於即時通訊：其中一個粒子的動量或位置等性質，將立即出現在遠方的粒子上。由於愛因斯坦的狹義相對論指出，光速恆定不變，而且

第七章 次原子層級：量子奇異性

不可能超越，所以即時通訊在宇宙中不可能存在。因此，EPR悖論似乎給了量子力學致命的一擊。

出乎愛因斯坦意料的是，實際進行驗證EPR悖論的實驗時，卻證明了纏結和非局域性是成立的。[*]愛因斯坦的「批評」反而進一步證明了量子理論既古怪又一致。

有一種思考方式是這兩個纏結的「粒子」彼此一點也不遙遠，而是兩個完全重疊的量子場；它們看來似乎「非局域」，原因是我們堅持將它們視為粒子。

此外，如果這樣的非局域性確實為真，則在這個量子尺度層次，我們身體的邊界不僅將比它們在原子層次假設的蓋亞尺度更大，現在更向外擴大到宇宙最遙遠的邊緣。我們已經進入無窮身體的層次。

---

[*] 原注：阿斯佩（Alain Aspect）、克勞澤（John F. Clauser）和塞林格（Anton Zeilinger）以這項研究成果獲得2022年諾貝爾物理獎。

意識和哥本哈根詮釋

傑出的量子物理學家費曼（Richard Feynman）曾經說過：「我想我可以放心地說沒有人懂量子力學。」[3] 以得自日常生活經驗的「常識」而言，要理解量子理論的深奧意義顯然十分困難。如果雙狹縫實驗的結果取決於有意識的觀察，那麼，由於所有日常物體和過程最終都由量子尺度事件構成，所以這似乎也意味物質存在其實完全不具確定性。在一個有意識的觀察者測量某種狀況的結果時，有沒有可能，其實沒有一個不受觀察者影響的「世界」？最後這個問題可能最讓愛因斯坦感到困擾。

薛丁格和愛因斯坦通信時，針對這個問題提出了一個著名的範例作為概括，稱為「薛丁格的貓」。[4] 這個想像實驗說明量子世界一旦和日常的古典世界發生交互作用，很平常的狀況往往也會變得十分奇怪。

假設箱子裡有一隻貓和一瓶毒氣。再假設箱子裡有一把鎚子，受某種緩慢衰變的放射性同位素控制。如果同位素在實驗過程中產生衰變，鎚子將會落下，

第七章 次原子層級：量子奇異性

打破瓶子並釋出毒氣，貓咪也會因而死亡；如果同位素沒有衰變，鎚子不會落下，貓咪也不會死亡。

現在讓我們介紹最奇特也最具顛覆性的量子效應，也就是疊加（superposition）。在雙狹縫實驗中，我們要問的是：光是波動還是粒子？我們發現，在選定方法及進行觀察之前，光束的波動性和粒子性是未決定的，而處於疊加狀態；也就是在有意識的觀察者進行觀察之前，所有可能同時存在。觀察開始時，光束才以波動或粒子的方式呈現。

在貓的實驗中，同樣是量子現象的放射性衰變會

處於衰變和未衰變的疊加狀態，因此要等到觀察時才能確定。打開箱子之前，我們不會知道同位素是否衰變；所以打開箱子之前，我們也不知道貓是死是活。不僅同位素的兩種可能情況處於疊加狀態，貓本身也處於死和活的疊加狀態，要等到打開箱子才能確定。這意味著不只量子世界具有量子的奇異性，日常世界也有這種奇異性，在有意識的觀察者感知時才成為「這個世界看起來的樣子」。許多實驗已經明確證明（聲明：沒有一隻貓受到傷害！）對大於量子尺度的物體而言，這個說法也確實成立。此外也已證明大型分子同樣如此，接下來的實驗目標應該是病毒和細胞等更大的實體。

因此，世界由許多可能性構成，這些可能性類似考夫曼的相鄰可能。我們的心智想到世界，以及我們選定凝視的時刻和角度時，世界隨之成形。

不逃避這類奇異性的量子力學詮釋統稱為哥本哈根詮釋（Copenhagen interpretation），以波耳的家鄉命名。提出這類詮釋的包括幾位量子物理學奠基者，如波耳、海森堡（Werner Heisenberg）和他們的學生。

某種程度上還包括普朗克（Max Planck）、薛丁格本身以及其他科學界同行。

許多人不同意哥本哈根詮釋，最著名的是愛因斯坦，但我同意這個詮釋。我同意的原因將是接下來討論意識時的主要內容。

■ ■ ■

讀者或許會認為，現代科學的發展是人類心智從開始存在持續進步至今的結果。哥白尼指出世界的中心不是地球，而是太陽。進一步天文學研究指出，太陽是銀河系中眾多恆星之一；銀河系本身也不是整個宇宙，而只是宇宙中無數星系之一。達爾文指出，人類不是與眾不同的物種。我們不比各種各樣水裡游的、地上爬的、天上飛的生物高等，只是眾多努力向上、希望活出一條生路的生物之一，心中充滿超乎尋常的自利，看著鏡子，* 自認為非常特別。

---

* 原注：在此同時，通過自我覺察的鏡子測試的動物不只是人類，還有瓶鼻海豚、殺人鯨、巴諾布猿（bonobo）、紅毛猩猩、黑猩猩、亞洲象、喜鵲，以及裂唇魚。

但在 20 世紀初，哥本哈根在課堂和實驗室裡提出的想法是，我們應該把心智*還原成存在的核心。量子物理學指出，我們不可能把觀察者的主觀心智和實驗、觀察對象和觀察得知的現實本質分開。普朗克本人曾經直說：「我把意識視為基本。我把物質視為出自意識的衍生物。我們無法繞開意識。我們討論的一切，我們視為存在的一切，都以意識為前提。」[5]

---

*　原注：不一定僅限於人類的心智。

第八章

最小的層次：
時空和量子泡沫

如果讀者和我一樣，現在或許會問自己：尺度是不是可以再縮小？標準模型的三十種次原子粒子是不是真的基本粒子？還是由更小的粒子構成？尺度可以縮小到什麼程度？

以上這些問題，物理學家對其中某些答案已經有共識，但不是全部。大家都同意宇宙並非「一路往下都是烏龜」，[**]永無止境地不斷縮小。1899 年，普朗克指出，時間和空間一定有最小單位，不可能再切分

[**] 譯注：出自一個有關宇宙起源的民間趣聞。情境大致為一名老婦反駁一名學者，宣稱「這個世界背在一隻巨大烏龜的背上」，當學者質問烏龜站在何處時，老婦便答道烏龜站在另一隻烏龜上，如此無限後退。

成更小的組成部分。普朗克由已知的數學常數推導出這些單位。這些不變的常數說明了存在的各種面向間的基本關係：首先是光速，光速的恆定性是相對論的基礎；他以自己建立的常數（後來稱為普朗克常數）說明電磁輻射量子（單一光子）的能量與其頻率的關係；牛頓重力常數在他的重力方程式中說明質量和距離的關係（在愛因斯坦方程式中依然存在）；波茲曼常數則說明氣體動能和熱力學溫度的關係；而這些距離和時間的最小單位本身就是常數，稱為「普朗克單位」（Planck unit）。

最小的距離單位稱為「普朗克長度」，是 1.6×10^{-35} 公尺（接近一公尺的十億分之一的十億分之一的十億分之一的億分之一）。光行進這個距離所需的時間稱為「普朗克時間」，是 5.4×10^{-44} 秒，是時間的最小單位（一秒鐘的十億分之一的十億分之一的十億分之一的十億分之一的百萬分之一再多一點）。這些值的存在對時空的本質、愛因斯坦在廣義相對論中描述的宇宙結構，以及對我們探討的宇宙的複雜性而言意義重大。

第八章 最小的層次：時空和量子泡沫

　　愛因斯坦廣義相對論帶來的重要理解，改變了「空間」本質的基本概念。愛因斯坦之前，人類認為太空是真空的，行星、恆星和星系在其中運行。科學家相信，恆星和星系間遼闊的太空中大致空無一物，只有速度極快的光子、微中子和其他自由次原子粒子從恆星來源射出，在這片虛空中穿梭。那麼在這個觀點中，重力是什麼？它又如何擴散？我們覺得它是一種力，通過這個虛空的空間，和電磁波一樣。

　　愛因斯坦瞭解情況並非如此。太空不是虛空，也不是真空。三個空間維度加上第四個時間維度，正是宇宙結構本身——並不存在「虛空的空間」。在這個概念中，重力不是通過虛空，在兩個互相吸引的龐大結構之間傳播——重力是有質量的物體在四維結構中造成的彎曲。廣義相對論描述的不是重力在空間中傳播，而是空間的彎曲，更精確地說是時空的彎曲。

　　目前為止一切還算合理。但現在我們即將面臨量子力學和相對論的基本不一致。愛因斯坦的廣義相對論方程式認為時空是平坦的，但普朗克的計算卻顯示時空並不平坦。平坦的事物一定能切分成更小的

在愛因斯坦的廣義相對論中,重力源自物體質量造成的時空彎曲。鄰近的另一個物體受質量較大的物體吸引,原因是它必須循著時空結構的曲線行進。

單位,但普朗克長度和時間卻指出時空其實是顆粒狀的。以往的物理學家在試圖把這兩個非常準確又好用的理論統合成「萬有理論」(ToE)時,發現了這個不一致現象。當他們把量子領域的數學套用在受相對論影響的尺度或是反過來時,就會出現不合理的結果,例如宇宙中有些物體的質量為無限大、體積無限

第八章 最小的層次：時空和量子泡沫

大,或速度無限大。在由有限實體構成的有限宇宙中,這些方程式怎麼會一直出現無限大的結果?一定是某個地方有問題。

尋找萬有理論時,相對論認為的平坦性只是近似,僅在大尺度時成立;在量子領域中,時空不是平坦的。即使我們可能找到一片距離任何星系都很遙遠,而且沒有任何光子或微中子通過的空間,量子漲落(Quantum fluctuations)也會出現在任何大小的時空中。

現在我們已經藉助大量實驗結果證實,時空中必定充滿能量漲落。此外,依據 $E = mc^2$ 這個方程式傳達的質能等價性質,這個能量將持續爆發,轉換成夸克、輕子、玻色子,以及標準模型中的各種質量。[*]

量子能量經常產生物質與反物質對。舉例來說,

---

[*] 原注:除了標準模型和量子場論之外,還有其他理論描述這些最小的量子實體,目的大多是為了統一量子力學和相對論。比較著名的理論包括弦論(string theory)認為量子實體是微小且不斷振動的弦,以及迴圈量子重力論(loop quantum gravity,LQG)認為它是互相連結的環圈,環圈連結是時空本身的粒度。

129

量子力學和廣義相對論對時空的看法不同。從遠處觀察時（圖中下方區域），時空是平坦的，與愛因斯坦方程式的估計相同。但如果縮小觀察尺度，平坦的時空將變得不連續而充滿能量擾動；到達最小的普朗克尺度時，將會出現量子泡沫。

攜帶相反電荷的電子（物質）和正子（反物質）會同時產生，互相接觸後立即自我湮滅，同時將質量轉換成能量。時空量子漲落由此產生不斷沸騰翻滾的高能量量子泡沫，持續轉換成具有質量的實體，再變回能量。[1]費曼曾經這樣形容它：「生成又湮滅、生成又湮滅，真的很浪費時間。」[2]

但它絕對不是浪費時間！有時，這些最小的實體會逃過物質與反物質接觸湮滅的命運，保持具有質量的實體，可以任意和其他實體發生交互作用。這些交互作用和其他尺度的各種交互作用一樣，會產生突現結構——在這個尺度中突現的是次原子粒子，比較複雜的次原子粒子則產生原子，接著是分子。接下來，這些實體自我組織成物質，形成所有太陽、行星、星系，以及整個宇宙和其中的萬物。

因此，世界是從宇宙時空結構中沸騰的能量噴發所形成。

現在，我們已經深入了存在最細小的角落，在量子泡沫和時空本身之中尋找，但仍找不到具有自性存在（inherent existence）的物體。

身體本身由細胞組成，細胞則由分子、原子組成，再到量子領域中組成一切。在普朗克尺度下，最小的物體是沒有部分的整體，像幽靈一樣由時空噴出又融入，在但又不在、真實但又不真實。**萬物只在自己特定的視角中能被看作一個事物**；在那個被它視為「自身」的尺度中，它實際上也作為一個整體而存在。在這個尺度之上，它將被自己產生的更高層次的突現性質掩蓋；在這個尺度以下，它又會被產生它的主動現象掩蓋。每個實體都被有形、完整、真實的外表掩蓋，但這樣的外表只能由非常特定的觀點來驗證，每個觀點一定都和其他觀點互斥。

因此，宇宙不是空無一物的盒子、不是星系高掛的遼闊空間。我們認為自己是會思考的生物，在宇宙中擁有**獨立的生活**，但互補觀點同樣成立：我們不是生活在宇宙中，而是**體現**（embody）宇宙，就如同我們習以為常地認為自己生活在地球上，但從互補觀點看來，我們就是地球。

我們帶著各種優秀或平凡的特質，經由量子泡沫，出現在宇宙的時空結構中，最終也將回歸時空結構。

第八章 最小的層次：時空和量子泡沫

自我組織的全子系：複雜宇宙

現在我們已經瞭解，由許多部分組成的整體宇宙，是個龐大、自我組織的複雜系統，它的突現性質是……萬物。這樣的複雜性分析似乎無所不包，從時空結構的量子力學細節，一直到相對論描述的宇宙最遠處。雖然我們還沒有找到真實的數學萬有理論，來解決量子力學和相對論之間的矛盾，但我們已經跨越了這兩個理論間差距極大的尺度，創造出涵括兩者的總體架構。

這個架構很難找出適當的名稱。我們一開始從某個尺度分析人體，接著逐漸「縮小」尺度，這個方式可以稱為「從大到小」或「由上而下」，全憑個人喜好而定；此外我們也提到突現性質源自「由下而上」的過程。雖然這些字眼都有階層的意思，我們的分析中也經常出現這類詞句，但說它們有「階層」其實不完全正確。

真正依階層排列的成員會互相排擠，而且這些成員只顯現在看得見它們的層次中，在其他層次中看

不出來。但在複雜性理論中，層次之間有個奇異的模糊地帶。必須站在某個事物看來是單一完整實體的觀點，才能把它局部化到特定尺度。但實體也和現象一樣，橫跨所有尺度。因此，說這類系統是階層將會抵觸互補性的概念。在互補性中，「不同層次」不是彼此分離，而是交織、融合在一起，組成單一的整體。

我們可以用通才學者庫斯勒（Arthur Koestler）創造的詞彙「全子系」（holarchy）來表達這個意思[3]。全子系是指由許多元素組成的系統，這些元素彼此間沒有高或低、上或下、從左到右，或從右到左的關係。全子系的成員稱為全子（holon），所有成員與其他成員的關係永遠是等價的。我們說光是波也是粒子時，不會認為光的某一面比另一面重要。此外在日常生活尺度中，我們也不覺得光是波還是粒子，只覺得它是光！

同樣地，儘管我們用這種簡略說法來建構宇宙的複雜性觀點，但我們的身體在「較高的層次」不是完整物體，在「較低的層次」不是細胞，在「更低的層次」也不是分子。我們應該說，身體是全子系，從某個觀點看來是完整物體，從另一個觀點看來是一群細

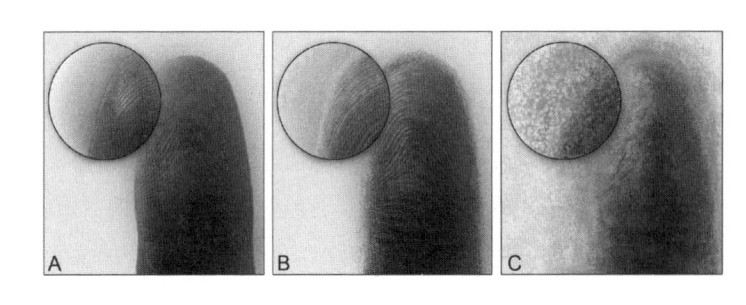

身體就是一個全子系。以下是手指的三個不同觀點：日常生活尺度（A）、細胞尺度（B）、分子尺度（C）。這些觀點的差別或許是「大和小」或「高和低」，但只有一個身體、一個整體。

胞，而從別的觀點看來則是一群分子。

如果宇宙是一個整體，是由許多自我組織的複雜系統組成的龐大全子系，那麼我們就必須考慮，對宇宙任何部分成立的事物是否也對整體成立。從這個觀點看來，我們採取的每個行動、我們做出的每個決定、我們的每個想法，都不只是我們自己的，同時也是整個全子系宇宙不可或缺的一部分。從這方面說來，我拿起一杯水來喝的時候，是宇宙拿起了這杯水。如果我活著，這宇宙就活著。我們不僅是分離、寂寞、沒

第八章 最小的層次：時空和量子泡沫

有連結、正在尋找意義的人類。每一刻,我們都是宇宙本身獨一無二的突現表現。

讀者或許會和我爭論,指出宇宙裡有許多各自孤立且各不相同的有生命和無生命系統。說的沒錯,但是這個看法和宇宙整體上是單一有生命系統的看法彼此互補。這點很像雖然我們每個人的身體都有毛髮和軟骨等沒有生命的部分,但我們還是認為身體整體上具有生命。在沒有邊界、非局域的量子領域尺度,整體的生命比各部分的特殊性更重要。完全有生命和完全沒有生命的領域不存在,只有一個活的宇宙。

有關我們如何「與宇宙合一」的隨意闡述現在相當常見,甚至接近浮濫。我們很容易不經思考地複述這些陳腔濫調,但很難憑直覺把它視為身體經驗,而不只是一種信仰。物質世界給予我們的慣常經驗,以及我們西方對物質主義的文化偏誤——認為世界只包含具有物質實體的部分,在我們的日常生活中不斷把我們推向相反的方向。但是,與相對論和量子力學交織的複雜性理論,將帶給我們全然不同的觀點。合一是既實際又真實的。分離雖然同樣真實,但不比合一

第八章 最小的層次:時空和量子泡沫

更真實。分離與合一的觀點具有互補性;兩者雖然不同,但要完整理解現實,兩者同樣不可或缺。這個信念不僅來自多種哲學、古代宗教或新世紀神祕學,也來自現代、當代的經驗科學。

第三篇

意識

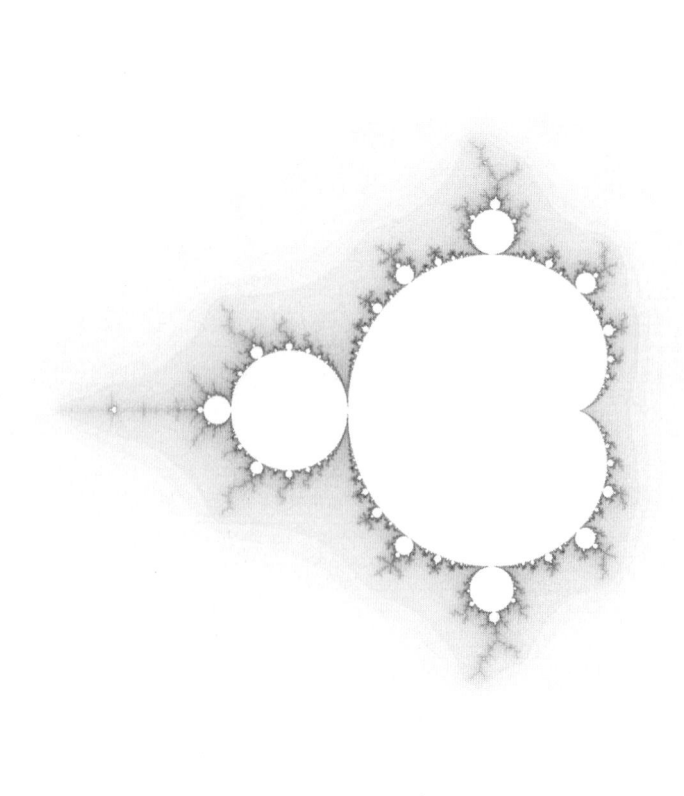

第九章

意識的困難問題

開始以這種方式思考宇宙和複雜性之後,最初十年,我對自己能完成這件了不起的工作感到滿意:把宇宙整合成漂亮又完全符合科學的系統。但我和朗頓一樣,發現了某些線索而不得不繼續探究下去。這起先使我有點遲疑、但後來無可避免地走向完全不同的靈性和哲學領域。

在靈性方面,我們很快就會發現這個想法和我在禪修中學到的佛教核心概念十分吻合。即佛教徒談論的,對於一切事物相互依存、無常和空性的直接感知。

相互依存,代表複雜系統的每個元素都和其他所有元素有關,所有部分交互作用,構成和影響突現的

整體。*無常,則代表系統的大規模滅絕事件是無法避免的。空性,則是「自性存在的虛無」的簡略說法,對剛開始學習佛法的人而言可能是最困難的概念。一個存在的完整物體,例如這本書、我的身體、那隻鳥、佛壇上的佛像等等,不都是具有自己獨立身分的真實物體嗎?但我們已經從複雜性的觀點得知,在任何尺度都不可能存在完整的物體。談到現實的真實本質時,複雜性觀點認為一切都是過程、運動、流動、變化,佛教徒便稱之為「空性」。

另一方面,量子物理學家自己提出了意識問題卻無法解答,但哲學家比科學家更早開始探究這個問題。雖然這已經讓我覺得滿足,但量子物理學家提出的難解問題一直沒有解決。普朗克曾經說過,量子領域沒有主體與客體的分別,代表「我們無法得知意識的根源」。他的意思是意識可能是與時間、空間、物質和能量一起產生的,也可能所有實體一起由意識的

---

* 譯注:此處的相互依存應指佛教觀念中的「緣起」,即所有事物現象皆是因為諸多原因聚合而發生,也會隨著原因解消而結束,和「無常」、「空性」三者彼此對應。

第九章 意識的困難問題

背景中產生。

複雜性似乎也帶來相同的理解。我們觀察到：如果我活著、如果你活著，那麼全宇宙不是都活著嗎？同樣地，如果我有意識、如果你有意識，那麼完整連續的宇宙不是都有意識嗎？意識和這個自我組織的宇宙之間又有什麼關聯？

西方文化強烈執著於另一個觀點：我們每個人的大腦產生各自的意識心靈（conscious mind），因此我的意識和你的意識不同。這個想法深植在我們的世界觀中，成為肢體語言的一部分：如果你告訴我一個聽起來很棒的點子，我可能會用手指敲敲頭，表示我覺得你的頭腦很好。《綠野仙蹤》（The Wizard of Oz）電影裡的稻草人想要「思考深奧的想法」時，他唱出「如果我有腦子就好了」來表達這份渴望。我們用大腦思考、用大腦產生想法、用大腦儲存點子、用大腦產生意識。至少大家都是這麼說的。

這樣的偏誤相當自然。我們的感覺器官大多在頭部；我們的感官經驗和有意識的感覺相當接近，因此會認為兩者位置相同。儘管如此，仍然有其他文化認

為意識位於身體的其他部位。在阿育吠陀（印度傳統醫學）、中美洲傳統以及古埃及文化中，都認為意識位於心臟。西方文化也經常指著心臟表達愛意或其他強烈的感情。在這些文化中，一個人想表示自己有個很棒的新點子時，可能會敲敲胸口。我們不應該依據本能，認為頭部（和其中的大腦）代表關於意識的深奧真相，將此視為文化典範。

還有許多文化發展出大量繁複的詞彙來區分不同形式的意識，歷史上經常藉由冥想探索意識的文化尤其如此。舉例來說，吠陀、濕婆和佛教文化中都會進行冥想，以探究心智自身，人的意識於是成為它本身鑑別能力的客體。透過實行冥想，這些文化產生了許多詞彙和表述，藉以精確描述意識經驗和覺察的不同層次或組成。

有許多冥想的方式被引進西方文化（例如日本的坐禪和東南亞的正念靜坐），但直到近幾十年才開始盛行。這些冥想方式還沒有深入西方用來描述心智的語言，所以我們西方文化還缺乏相關的精細語彙。英文裡沒有多少單字可以用來表達「意識」，而且這些

單字之間的差異也不明確。我們什麼時候用「意識」（consciousness）、「心智」（mind）、「覺察」（awareness）和「感知」（sentience）？又為什麼這麼用？它們的定義都相當模糊，但並沒有因此比較容易寫作。

意識的來源是大腦還是⋯⋯？

儘管描述意識的詞語相當欠缺，對這個現象的研究仍然發生了科學史上前所未見的大爆發。現在，每年都有許多意識的研究陸續展開並支持大腦是意識來源的概念。臨床神經學、心理學和認知神經科學等領域提出了許多證據；腦電圖（EEG）和功能磁振造影（fMRI）等先進科技，也讓我們能仔細觀察活生生、而且正在飛快思考的大腦。

這些生理資料和臨床觀察結果，產出了「意識的神經關聯」（neural correlates of consciousness），也就是與可轉述的想法和知覺密切相關的大腦結構和活動。舉例來說，我們知道，眼睛看見影像、甚至只是

想像或夢到某些影像時，大腦的視覺皮質（位於大腦後方）會活化。因此，視覺皮質活化是視覺意識的神經關聯。

現在我們已經十分確切地瞭解視覺的神經處理過程，因此可以運用先進的腦部測量科技，名副其實地「讀心」。當接受研究的受試者在「心中」想像某個畫面，只要使用儀器測量大腦中的現象，就能畫出模糊的畫面。

雖然這些報告似乎一面倒地支持大腦產生意識的假設，但它們真的解決了這個問題嗎？實際上，這些例子只能證明某些大腦活動和意識經驗之間的**相關性**。但有些讀者或許還記得，高中課堂中曾經提過的「相關不等於因果」。同樣的，相關性無法證明是大腦活動產生了意識經驗。

讀者或許曾經注意過，每年夏天，戴太陽眼鏡和吃冰淇淋有著相當明顯的相關性，這兩種活動似乎經常同時出現。沒錯，如果相關代表因果，那麼我們就必須認真思考，戴太陽眼鏡是否會使人想吃冰淇淋。或是吃冰淇淋是否會使人對陽光特別敏感，因此比較

想戴上太陽眼鏡。當然，這兩個結論都不正確。實際狀況是這兩種行為都源自另一個完全無關的事情：夏天白天晴朗又炎熱，使人比較想戴上太陽眼鏡，同時更常吃冰淇淋。

從這裡很容易看出，把相關誤認為因果，很容易造成嚴重錯誤。

然而，如果在科學上十分嚴謹，並且小心不要犯這類錯誤，將會有兩個主要假設可以解釋意識的神經關聯。第一個假設是大腦定義我們的心智活動；第二個假設是我們的意識覺察和大腦中的相關活動分別源自另一個更基本的共同原因，如同夏天是想吃冰淇淋和戴太陽眼鏡的共同原因。

目前曾經做過的幾千次實驗中，沒有一個實驗能確實證明哪個假說比較正確。毫無疑問地，心智和大腦間的因果問題在科學上還沒有確定答案。

困難問題

由於沒有科學共識，所以關於意識的起源和它與

大腦的關係，目前探討得最徹底的是哲學家。雖然意識在科學上仍然是尚未解決的特殊難題，但哲學方法正在努力勾勒這個謎題的可能解答，協助科學家提出可檢驗的假設，正確地解讀研究資料。

為了解釋這個狀況，哲學家查默斯（David Chalmers）提出著名的「意識的困難問題」，指出「大腦產生心智」這個概念所面臨的最大挑戰。[1] 困難問題強調，儘管意識的神經關聯認為大腦的功能和運作能生成心智的資訊內容，但這無法解釋主觀的知覺經驗。

就以偶遇一朵玫瑰花的主觀經驗當成例子：我們看見玫瑰花深紅色的花瓣、聞到它的香味、感覺到它的刺痛。我們可以詳細說明氣味分子如何從玫瑰花進入鼻子，刺激嗅覺神經，嗅覺神經接著把訊號傳送到記錄花香的大腦。我們知道玫瑰的顏色（就是花瓣反射特定頻率的光）如何進入眼睛，啟動視網膜的細胞和分子受器，再刺激視神經，把電訊號傳送到視覺皮質。我們瞭解皮膚的感覺受器如何把傷口的力學效果轉換成傳送到大腦的訊號，大腦接著把它記錄下來，

並標注為「疼痛」。

但這些電、化學和細胞機制都無法解釋對於紅色的親身經驗、香氣的甜美,以及刺扎的痛楚。我們不能只說:「嗯,這些意識的神經關聯就是經驗。」因為這句話完全沒有解釋它們為什麼不只是已知大腦活動的生物物理過程,以及兩者有什麼不同。這麼講只是複述這個神經關聯的事實,依然沒有解釋經驗。

意識經驗的**感覺**,是意識的神經關聯完全無法解釋的困難問題。

意識的哲學探討方法

與意識的本質有關的哲學觀點有好幾十種,但幾乎都屬於以下三大類:唯物論(materialism)、泛心論(panpsychism)和唯心論(idealism)。*

唯物論觀點包含「大腦產生心智」的探討。唯物

---

* 原注:其實還有第四類,或許可以稱為否定論(denialism)。否定論認為意識並不存在,只是大腦創造的錯覺。但這樣又帶來另一個問題:體驗到這個錯覺的又是什麼?

論者主張，宇宙是由有實體的東西，也就是由質料、物質和能量所構成的。所以我們可以認為，世界上的一切都源自物質，意識也包含在內。當我第一次接觸到複雜性理論和突現性質——神奇的「無中生有」特質時，我也和從以前至今的許多人一樣，以為它可以解釋意識。當時我也推測，意識很可能是大腦電訊號、分子、細胞和結構等有形部分的突現性質。

這種狀況相當類似蟻群藉由個別螞蟻之間的交互作用，產生極為複雜的大規模組織結構，使得整個蟻群的能力遠大於所有部分的總和。唯物論者認為，同樣地，意識也是能力遠大於大腦所有組成部分總和的突現整體。

接下來是泛心論。泛心論認為意識是宇宙的先驗特徵，在大腦存在前就已經存在；這種探討方式近年來再度獲得青睞。這個理論的某種變化版本指出，意識是所有生物的內在特徵，因此也是可識別的生物最小單位的內在特徵。如果我們採取西方生物學的觀點，可識別的生物最小單位應該是細胞，而細胞應該具有基本形式的意識。

第九章 意識的困難問題

那麼人體的意識是不是源自所有個別細胞的集體意識？*單一細胞的簡單意識會不會像細胞自我組織成多細胞生物的基本組件一樣，自我組合成更複雜的意識？如果會，這種個別的小意識集合成大意識的現象，有沒有可能不只出現在細胞組成的身體，也會出現在各種交互作用的生物組成的生態系中？森林和珊瑚礁是不是也都具有自我覺察和意識？蓋亞呢？我們人類的心智是否也在這種集體意識之中？我們知不知道、或能不能知道答案？對泛心論者而言，這些都是很好的問題。

比較極端的泛心論主張，標準模型中的次原子粒子都擁有意識。它們可能具有量子物理學方程式無法表達的意識特質，也可能有某些尚未發現的粒子負責傳遞意識，類似於光子負責傳遞電磁力。在這類泛心論中，當沒有生命、但具有意識的量子尺度實體集合成原子時，這些原子擁有的意識會不會更複雜一點？

---

* 原注：這種集合現象如何組合成更複雜的意識，稱為組合問題（combination problem）。對泛心論而言，這個問題是第二重大的問題，僅次於困難問題本身。

這些原子或許會進一步自我組合成分子尺度的意識，接著成為細胞意識，最後成為我們人類擁有的心智，或是章魚、大象或渡鴉的心智。同樣地，這些也都是非常有趣的泛心論問題。

泛心論和唯物論相當類似，各種變化版本都主張意識是複雜系統自我組織的突現性質。然而在泛心論中，意識不是源自大腦的結構和過程，而是源自彼此交互作用的意識存在次單位，也就是原意識（proto-conscious）實體。

泛心論經常被硬派唯物論者嘲笑，批評泛心論認為連岩石和燈泡也有意識，或是存在「身為電子」這回事。對我而言，更嚴重的批評是泛心論和唯物論兩者都不完整，無法針對困難問題提出明確又令人滿意的答案。泛心論觀點大多只把問題從大腦轉移到其他地方，不是縮小到細胞或量子粒子等已知的事物，就是歸給某種具有基本且無可化約的意識經驗、但尚未發現的實體。然而，無論我們認為這類原意識元素在哪裡，困難問題仍然是困難問題。

我自己曾經思考過這兩種探討方式，甚至和物理

學家及宇宙學家卡法托斯（Menas Kafatos）合作發表過關於泛心論的研究。[2] 但這兩種探討方式都無法解釋困難問題，最後讓我認真地重新考慮原先認為沒有希望的觀點：唯心論。

大 C 意識

為了仔細審視唯心論，我們必須回顧希臘哲學家的理論，尤其是柏拉圖。柏拉圖說我們日常的物質現實只是幻影，就像投射在螢幕上的影像、黯淡模糊地反映比我們生活的現實更完美、更真實的世界。那個世界具有純粹、輝煌、原始的本真存在，也被稱為柏拉圖的理型界（Platonic ideal）。這個更真實的世界中存在許多的理想概念，或說「理型」（Form，大 F）。理型是運用心智、在智力範圍內理解的客體，是完美的實體，沒有時間、不會改變而且絕對。物質世界中存在的形式（form，小 f）則是我們透過身體感覺體驗到的，短暫且會改變。

柏拉圖的理型界中包含了美、真、善和紅這類概

念。雖然每顆蘋果都不可能和其他蘋果完全相同（即使是紅粉佳人蘋果也不可能每顆都完全相同），但每顆蘋果都可以當成蘋果的一個例子，來代表柏拉圖的蘋果理型。理型讓我們能認出客體的物質特質，讓我們可以拿到、嗅聞、品嚐和觀賞物質對象。因此唯心論斷言，物質世界只是感覺器官產生的間接、虛假的印象，而不是透過心智直接理解的、潛藏的理想真實。只有極少數人的心智（例如柏拉圖！）能直接、深入地覺察理型界本身。

儘管唯心論對我們現代的思想而言有點奇怪，但這種哲學一直是西方文化的主要論述。史賓諾沙（Baruch Spinoza）曾經提到世界是「單一的實體」，認為它是自然之神，也是所有存在的來源和基礎。同樣地，萊布尼茲（Gottfried Leibniz）、康德（Immanuel Kant）、黑格爾（Georg Wilhelm Friedrich Hegel）、叔本華（Arthur Schopenhauer）、懷海德（Alfred North Whitehead）和柏拉圖之後的許多哲學家都是唯心論者，認為世界只是發生在意識內的過程，因此，一般人類心智的知覺一定不足以解釋世界。終極且

絕對的理型世界,是超越個別對於內部覺察限制的意識。我們經常用**大 C 意識**這個簡略說法,*來代表比物質世界更早存在的覺察來源。它與我們個人的**小 c 意識**不同,**我們透過小 c 意識取得自己的個人經驗,也把個人經驗存放在小 c 意識這裡。

有個恰當的思考方法是想想波浪和波浪下的海洋。我們看到衝浪客站在浪頭上時,波浪看來像是獨立的構造。大波浪是**真實的**,它能承載衝浪客,也能淹沒衝浪客,把衝浪板打成岸上的碎片。但我們知道,波浪不是彼此分離的實體,也沒有和下方海洋中**翻攪**的能量分離。如果我們試圖站上「單一個波浪」,過不了多久,波浪就會回歸大海,我們也將隨之掉落。

同樣地,從我們自己的心智看來,我們的個人意識似乎是真實、獨一無二的,而且屬於自己。但唯心論者知道,這種獨立感是幻覺,而且如同許多我們已

---

* 譯注:大 C 意識對應原文中首字母大寫,不加定冠詞的 Consciousness。
** 譯注:小 c 意識同一般指稱屬於個體的意識,對應原文中的 consciousness。

經研究過的東西一樣,這種差異其實只是觀點問題,不是物化的現實。

因此,從唯心論觀點看來,整個宇宙,包括每個人的身體、大腦和心智,都是潛藏的大C意識所產生的顯現。空間、時間、物質,以及能量和漲落的量子泡沫,都是源自大C意識的結構,並不具備固有的存在;它們只是大C意識內的經驗。唯心論非常高調地斷言,不是大腦產生意識,而是大C意識產生宇宙,幾十億年後,大腦在宇宙中形成,並成為我們目前所知最複雜的結構。因此,如果萬物都只是大C意識的主觀經驗,那麼主觀經驗源自何方的困難問題也就不再是問題:宇宙中沒有任何事物**不是**大C意識的主觀經驗。

在目前這個時代,科學式的嚴謹被視為真理的終極檢驗標準。相較之下,泛心論和唯心論這類思辨哲學似乎顯得格格不入。對於我和許多希望以科學性、經驗性的發現為主的研究者而言,唯心論、特別是在歷史中上溯到柏拉圖的唯心論,曾經顯得老舊過時。但海森堡曾反駁這個文化偏誤,指出這些觀點不是不

科學的古代思想遺緒，他說：「我認為現代物理學已經明確地支持柏拉圖。事實上，物質的最小單位不是一般所知的有形物體，而是理型，這種概念只有以數學語言才能清晰地表達。」[3]

意識的轉換

然而，我們該如何解釋這些十分精細的神經關聯？最佳選擇是不把大腦視為心智的產生者，而是當成心智的轉換器。轉換器接受某種輸入，將它轉變成另一種輸出。如同燈泡把電力轉換成光，溫度計把熱轉換成數字。

收音機就是個很好的例子：無線電波朝四面八方傳播，但我們可以用無線電天線收下其中一些。收音機的實體組件把無限的無線電波轉換成音樂，從喇叭播放出來，從而創造比較受限、專屬於某種感官（在這裡是聽覺）的經驗。

在唯心論的存在觀點中，意識的神經關聯是種提示，但它說明的不是大腦產生覺察的過程，而是大腦

把大 C 意識轉換成個別自我的小 c 意識的過程。無線電波不僅可以**轉換成聲音**，也可轉換成筆記型電腦螢幕上的光等其他感覺輸出。同樣地，不同種類的大腦也能把大 C 意識轉換成不同形式的意識，就像蜜蜂在看得見紫外線的世界中移動，或是章魚用腕足品嚐味道，或是狗生活在充滿各種氣味的世界中等等。

所以現在是什麼狀況？目前有三種彼此矛盾的哲學觀點在探討意識問題，但沒有明確的答案。科學資料無法判定哪個觀點正確，進一步的哲學分析只能比較和對照這幾種觀點，同樣無法確定答案。我們如何在這個困境中找到出路？我們期待經驗科學能解答這類問題，也希望哲學家能帶來澄清、而不是迷霧。

他們還無法解決這個問題，原因說不定是我們還在持續發現更多謎團？或許再過十年或一百年，科學將可完成這個任務，這些哲學問題也會像晨霧一樣，隨著日出而消散。但若我們要非常認真地理解複雜宇宙中的意識從何而來，就必須仔細審視我們的假設──我們要如何組織一個合適的方法，才能在這個十分特殊的領域中有所發現？

第九章 意識的困難問題

這也讓我們進一步問道：經驗科學和嚴謹的哲學就夠了嗎？

複
雜
之
美

第十章

維也納學派和科學經驗主義

習慣某樣事物之後，往往就會對它的存在視而不見。魚類不會察覺到自己在水中悠游，就像人類除非吹到風，否則不會想到周遭的空氣一樣。

大多數人都在這一生中接受了現代文化，而在探索現實時，把數學邏輯和經驗科學當成探究存在真相的唯一方法。就連普遍大眾接受的宗教中，也幾乎一定會依據科學標準來表達靈性直覺或信念（有時則是反過來）。科學標準就像我們周遭的空氣，或魚類悠游在其中的水一樣。

當然，情況並非總是如此。歐洲文化花費好幾個世紀研究經驗科學和數學，才推翻過去普遍接受的、宗教中關於宇宙運作的「智慧」。科學家經常因為發

表抵觸教義的實證發現而被逐出教會，甚至因而喪命（請參考哥白尼的例子）。就算經驗科學以強大的說服力和可信度逐漸興起，卻也帶來社會的分裂，暴力也隨之發生（請參考達爾文的例子）。

以科學為真理檢驗標準的文化發展並不是穩定前行，而是斷斷續續、雜亂無章的過程。在數百年的轉變過程中，經常有人堅定地橫跨兩個陣營。其中最著名的就是牛頓——重力定律的建立者和微積分的共同發明人——他撰寫的鍊金術相關著作遠多於數學和科學著作。

然而到了某個時刻，權力平衡真的發生了改變。科學在整個 19 世紀取得優勢，工業革命隨之發生。病菌理論和電燈泡等科學成就，鮮活而直接地展現了科學的可靠程度。隨著舊的社會秩序在第一次世界大戰的暴力和破壞中崩毀，這股科學化的趨勢也更加快了速度。

戰爭摧毀了奧匈帝國，使整個歐洲的政治勢力重新洗牌。中世紀階級制度（教會和貴族）被資本主義、共產主義、社會主義和法西斯主義取代。另一方面，

第十章 維也納學派和科學經驗主義

現代藝術、音樂和寫作興盛了起來。最後，一場在維也納萌芽的文化運動，徹底鞏固了我們的現代觀點。

在位於維也納山坡路19號的辦公室裡，佛洛伊德（Sigmund Freud）為重新理解人類行為打下了基礎。距離這裡不遠的地方，克林姆（Gustav Klimt）和席勒（Egon Schiele）正在畫畫，馬勒（Gustav Mahler）和荀白克（Arnold Schoenberg）正在作曲，穆齊爾（Robert Musil）和茨威格（Stefan Zweig）正在寫作。

在這個突然出現的文化活動搖籃中，一群領域各異的唯心論者組成團體，主張我們應該完全以經驗科學和數學邏輯塑造我們對世界的理解。這幾位哲學家、科學家、數學家、邏輯學家和政治與社會理論專家後來被稱為維也納學派。[*]他們致力於分析合理、現代化的論述，排除其中不科學的見解，同時清除以往

---

[*] 原注：維也納學派是說明複雜性和突現如何呈現在文化中的好例子。有時候，人類的創造力會萌發在某些意想不到的地方。19世紀末的巴黎和1950和60年代的紐約繪畫中的場景也是很重要的例子。依據複雜性法則，這些突現現象都在光輝時期後消失（大規模滅絕），但留下了新的觀看和學習方式。

殘留在哲學中的幻想。他們不打算研究科學，但希望把哲學帶進 20 世紀，在現代邏輯學的協助下，盡可能使哲學符合科學。

1924 年，哲學家石里克（Moritz Schlick）、社會改革人士紐拉特（Otto Neurath）和數學家哈恩（Hans Hahn）首次舉行維也納學派集會。他們每週四晚上固定在維也納大學的小演講廳舉行集會，自稱為「邏輯實證論者」（logical positivists），並迅速展開長達十年熱烈、但大致上相當學院派的爭論。他們最重視的議題是如何界定科學知識，以及如何理解數學的本質。他們的任務重點在防止不清楚的詞句和無法驗證的主張造成哲學上的困惑。他們希望能把哲學變成「科學」的事物，為數學打下完整且一致的基礎。因此，他們也希望把形上學排除在現代思想之外。

形上學這個哲學領域的研究聚焦在無法藉由物質存在解答的問題。舉例來說，試圖瞭解死後生命的本質，或靈魂是否存在，都屬於形上學的思辨；試圖理解神祇的本質，或理解唯一的創造者上帝，也屬於此。

在現代之前，關於意識的陳述都屬於形上學的領

域。出自古代文本或靈性見解的教會教義也屬於形上學的範疇，那也是當時唯一試圖探討意識的文獻。

對於極力想走出中世紀思想模式的維也納學派成員而言，任何事物只要與形上學有絲毫關聯，都應該被排除。如果某樣事物無法以經驗科學或數學的形式邏輯確認，就會被視為沒有價值的。的確，在這個群體中，宣稱某個陳述是「形上學」時，不只代表它錯誤，更意味著它沒有意義或重要性。當這個學派內部發生爭議時，被反對學者指控為「形上學」可說是最嚴重的打擊。

維也納學派領導了現代文化，認定只有科學和數學擁有真理。經驗科學的許多成就，從開發抗生素和疫苗，到探索其他行星，也都充分展現了科學方法的強大和重要程度。

然而事實證明，雖然維也納學派的哲學視野充滿理想且立意良善，卻太過天真，而注定會失敗。

經驗科學的限制

正當維也納學派開始提倡他們的主張時,量子力學也開始探究經驗科學的極限。經驗主義(empiricism)的概念是,所有知識都源自真實世界的感官經驗,而不是理論或邏輯本身。因此,經驗科學的發展方式是進行實驗,審視真實世界。得自這類實驗的資料讓我們建立可檢驗的假設,用以解釋資料。接下來,我們就可以進行更多實驗,發現更多資料,支持或排除每個假設。科學方法就是這樣不停重複,持續進行下去。

這種方法完全取決於對世界進行客觀測量的能力。身為科學家,我是主體,檢視某個與我分離的有形客體(或現象)。這個客體必須嚴謹地隔離,防止受到主體(也就是我)影響,以確保知覺的獨立本質和真實性。換句話說,經驗科學必須清楚分開主體和客體。

但在量子力學中,這樣的分離被消除了。

令人驚訝的是,就我所知,維也納學派的成員一

直沒有確實解決量子力學對他們的觀點造成的嚴重威脅。他們歡迎波耳和海森堡參加他們的國際研討會，而且當然很清楚量子力學的成功、驚奇和含意。但在他們的著作中，我們極少看到波耳、海森堡或量子力學本身。

毫無疑問地，他們對普朗克、波耳、海森堡等人的形上學著作感到懷疑。「在我們選擇的觀點或知覺模式之外，並沒有一個具象的世界」──這肯定只是那些物理學家一時興起的瘋狂想法。這不僅對維也納學派而言是旁門左道，也是愛因斯坦對量子力學發展方向的苦惱中心。

對愛因斯坦而言，物理理論代表「外在世界」，獨立於人類覺察之外。閉上眼睛，轉過身去，甚至死亡之後，月球依然會環繞地球運行。這是符合我們的本能、符合常理的現實觀。

但波耳和海森堡的哥本哈根詮釋則完全不同。對他們而言，「外界」並沒有嚴格定義的物質存在，只有或然性的機率，直到某個觀察者著手進行測量的那一刻為止。

海森堡的不確定性原理指出，任何觀察都必定會改變量子現象的可觀測特徵。維也納學派沒有專注於回應哥本哈根詮釋和海森堡不確定性原理的推論，可能代表他們對愛因斯坦所掩蓋的問題抱有錯誤的理解。無論原因是什麼，維也納學派似乎以自己的方式，避免面對這類推論。現在我們知道，他們和愛因斯坦一樣無法解決量子力學指出的問題：量子力學限制了經驗科學以純客觀方式定義現實的能力。

儘管維也納學派立意良善，經驗科學也帶來許多成就，量子力學仍然為科學劃下了無法超越的界線。

第十一章

哥德爾和形式邏輯

維也納學派把科學視為發現真理的首要方法，也努力使數學和邏輯現代化。他們的努力與失敗——以及一位優秀的天才如何證明了他們的企圖打從一開始就注定徒勞無功——這一切都和所有哲學體系一同形塑了現代世界。

我們都知道數學是什麼。有個領域是由數字，和數字能進行的各種各樣的運算組成的；還有個領域是由幾何形狀，和它們如何構成和變化組成的。大部分的數學可以藉由死記來學習，例如九九乘法表。但要開發與數有關的理論，或是證明數學概念，就必須進入形式邏輯和邏輯證明的領域。

在邏輯推理的系統中有兩種陳述（statement）：

公理（axiom）為已知或假設成立的陳述，定理（theorems）則為需要證明才能確定成立的陳述。舉例來說，在算術中，有個重要的簡單公理是自反公理（reflexive axiom）。自反公理指出，把符號或變數 a 改成任何數值，a = a 都成立。所以 3 = 3，156,033,041 = 156,033,041。

另一個基本公理是對稱公理（symmetric axiom），這個公理指出等號兩邊的一切都相同；所以若 a = b，則 b = a。遞移公理（transitive axiom）指出，如果 a = b 且 b = c，則 a = c，等同於歐幾里得的幾何陳述：「等於同一事物的所有事物，彼此也相等。」這些陳述一看就知道是成立的，不需要證明。

相對地，定理可能成立，也可能不成立。定理就像科學理論中的假設一樣，需要證明才能成立。敘述清楚的定理或許看起來成立，但我們不能就此認定它成立。我們必須從系統中的基礎公理開始，證明新的定理成立，再運用這些定理逐步向上，一行一行、一階一階，爬上證明的邏輯之梯。如果能藉此得出新定理，就可以證明新定理是成立的。另一方面，如果證

明結果和新定理不同,則此定理不成立。

定理有時看來顯而易見,但證明起來非常困難。著名的哥德巴赫猜想(Goldbach conjecture)就是這樣的例子。這個猜想指出,所有大於 2 的偶數都至少是一組質數對的和。就以 8 當作例子,8 是 3 ＋ 5 的和,而且 3 和 5 都是質數。144 的質數組合則不只一種,包括 97 ＋ 47、103 ＋ 41 和 139 ＋ 5。哥德巴赫猜想已經藉由冗長的人工計算確認在 10 萬以下成立,並以電腦確認在 4×10^{17} 以下成立。不過這沒有證明一個數無論多大,哥德巴赫猜想都成立;這只是一連串的計算,不是證明。我們還是不確定會不會發現某個更大的數是這項定理的例外——哥德巴赫猜想目前仍未被證明。

1920 年,傑出德國數學家希爾伯特(David Hilbert)發表了一項計畫,詳細列舉了為數學建立堅實基礎所要面對的重要挑戰。希爾伯特支持使用符號的「形式語言」來撰寫數學證明的陳述;他表示,公理系統和許多定理證明是否成功和正確,必須依照某些準則來判定。這些準則指出,一個系統必須**一致**,

代表它不可同時證明某個定理成立又不成立，造成自我矛盾。此外，這個系統必須**完備**，代表它本身必須具備方法來證明所有與這個系統有關的真實陳述都確實成立。舉例來說，構成算術的系統必須具備方法，可證明關於算術的所有真實陳述確實成立，連哥德巴赫猜想也包含在內。現在，一致性和完備性是所有數學系統成功的象徵；維也納學派的任務也完全符合希爾伯特的計畫。

這時，瘦小、五官精緻、戴著眼鏡年紀尚輕的哥德爾（Kurt Gödel）出現了，他有一天將被稱為自亞里斯多德以來最偉大的邏輯學家，甚至超越亞里斯多德。他靜靜地坐在維也納學派會議的後排，一句話也沒說，他的生活模式現在已經確定：在答案十全十美、精雕細琢、有充分把握之前，不輕易發表評論。我們可以想像他的頭轉來轉去，像個鐘擺一樣，仔細聽著同行間來回爭論。

維也納學派的時間已經不多了。

維也納的哥德爾

哥德爾與眾不同的特質很早就顯露出來。他四歲時就被暱稱為「為什麼先生」，他的哥哥魯迪後來回想道：「他總是想用非常密集的問題對一切追根究柢。」[1]

成年後的哥德爾曾經對精神科醫師形容，自己小時候「永遠好奇、質疑權威、凡事都要求理由」。[2] 他的熱情最初受到科學的激發，後來他的所有學科都非常優秀，總是得到全校最高分。有一天他寫信給母親：「我的人生最高目標（當時他正值青春期）是認知的愉悅。」[3] 他的哥哥也回憶道，哥德爾在校八年內，也是他們學校有史以來唯一一個拉丁文作業沒有出現過一次文法錯誤的學生。[4] 似乎在他十四歲時，他的數學和哲學程度就已經超越學校的教學內容，因此開始自學。

哥德爾 1924 年從出生地布爾諾（Brünn）前往維也納，這時他十八歲，已經相當熟悉大學程度的數學。他在維也納大學這幾年間接觸的概念後來促使他走向

數學柏拉圖主義。數學柏拉圖主義相信，數、公式和幾何形式等數學陳述屬於柏拉圖的理型界，而不屬於物質存在的世界。從這個觀點看來，數學不只是人類發明來計算有幾斗小麥的方法；數學本身屬於一個真實的世界，超越我們不斷追尋的心智。數學等待人類發現，而不是發明。無論是歐氏幾何（和畢氏定理等方程式）、牛頓用來描述流體運動的微積分、薛丁格的波動方程式、曼德布洛特集合等等，這些都不是發明，而是發現。

相反地，對維也納學派而言，數學的數和形式是人類心智的邏輯創作，是發明而不是發現；數學純粹是用來描述物理現實的工具。對他們而言，數學以邏輯方式透過人類創新而產生，源自使用「實數」的簡單計算和歐幾里得幾何。

1926年，哥德爾受老師哈恩邀請，成為維也納學派的新進成員。這件事在某方面純屬偶然，因為這個團體的數學觀和哥德爾現在堅信的數學柏拉圖主義完全對立。儘管如此，這項邀請也是非凡的榮譽，表彰他不同凡響的才華。哥德爾當時年僅二十歲。

1930 年，於柯尼斯堡舉行的「精確科學的認識論」研討會中，哥德爾準備以自己建立的「不完備性證明」，用幾乎信手拈來的方式，平靜地摧毀維也納學派的計畫。

不完備性和直覺

希爾伯特的形式主義計畫之所以成功，是由於他演示了一致性和完備性。哥德爾就從這裡投入戰局。

哥德爾的兩個「不完備性定理」證明，被普遍視為他天才直覺的精彩展現。證明中的數學之美經常被比做巴哈最繁複的《郭德堡變奏曲》，或哥德式大教堂的細緻結構。第一個證明的細節遠超過這本書的討論範圍，但我們會概述其中的獨創性。

哥德爾的直覺是，關於形式系統的陳述中，應該有些陳述是為真，但不可能以算術本身的公理和定理證明。這是柏拉圖式的觀點：數學真理存在於理型界中，等待我們發現。然而，沒有任何法則規定所有數學陳述都必須符合我們的證明——只有形式主義數學

家傲慢地認定數學必須如此。因此，如果哥德爾能證明有數學陳述確實為真，但無法以數學方式證明，就能證明希爾伯特的看法是錯誤的：數學系統的不完備性是無法完全消除的。問題是，該怎麼證明此事？

哥德爾巧妙地設計出一套編號系統，用於將邏輯證明中使用的十三種邏輯陳述符號，替換成 1～13 的號碼。因此整個邏輯陳述都可以藉由哥德爾設計的程序，轉換成與其他形式的陳述不同的唯一號碼，哥德爾數。這套編號系統是雙向的，不僅每個邏輯陳述都擁有獨一無二的號碼，任何號碼也都能轉換成獨一無二的形式符號組合，來代表某個邏輯陳述。

藉助這個巧妙的編號系統可以看出，數學證明中的連續陳述不僅有算術關係，也有邏輯關係。哥德爾於是證明了「數學」：這個證明完全由它要證明的對象（也就是數）所組成。編號之間的算術關係傳達了算術性的真理，與證明中循序漸進的邏輯陳述平行存在；所以邏輯陳述可以探討數字編號，但數字編號也可傳達邏輯陳述。遵循哥德爾自我指涉的循環邏輯，就像沿著莫比烏斯環（Möbius strip）上的路徑行進，

永遠沒有盡頭。

哥德爾的巧妙安排不只如此，到下一步時，他過人的才華才真正爆發。他創造了一個邏輯陳述（同樣使用能以哥德爾的編號系統取代的形式邏輯符號），內容大致是：「這個陳述無法在這個系統內證明。」

這是典型的矛盾陳述，類似克里特島的埃庇米尼得斯（Epimenides）提出的說謊者悖論（liar's paradox），幾千年來讓許多人絞盡腦汁。「克里特島人全都說謊」這句話是有問題的，因為如果這句話正確，那麼說這句話的埃庇米尼得斯自己也在說謊，所以這句話是錯誤的。如果這句話錯誤，那麼它本身就是謊言，所以這句話正確：克里特島人永遠在說謊。如此不斷循環，就像蛇咬著自己的尾巴一樣。

還有另一個版本的矛盾陳述，稱為卡片悖論（card paradox），由知名數學家羅素（Bertrand Russell）的學生，邏輯學家喬爾丹（Philip Jourdain）提出。內容是如果在一張卡片上寫「這張卡片背後的陳述是錯誤的」，並在卡片的另一面寫上「這張卡片背後的陳述是正確的」，也會形成同樣的循環。

第十一章 哥德爾和形式邏輯

177

哥德爾不僅不怕悖論，還非常歡迎。他的陳述：「這個陳述無法在這個系統內證明」，同樣具有這種無限循環的形式。如果這個陳述能在這個邏輯系統內證明，則它是錯誤的；如果它是錯誤的，則不可能證明，所以它正確而且可以證明。

他的下一步既簡單又驚人。科學作家葛雷易克（James Gleick）寫了一段很清晰的非正式描寫：「哥德爾示範了如何建立一個公式，指出**某個數 x 無法證明**。這相當簡單，這類公式有無限多個。接著他再證明，至少在某些狀況下，這個數 x 恰好代表這個公式。」[5]

哥德爾沒有說明哪些陳述可能落入這類自我指涉的困境中，只表明數學系統中難免會有一些這樣的數。對某些數而言，x 不僅是一個數，也是可以轉換成這個邏輯陳述本身的哥德爾數。對於這個自我指涉的進一步瞭解指出，存在著某個算術函數，可以產生對應這個矛盾陳述的哥德爾數。這個陳述可以證實為真，但無法以形式邏輯推展；它作為一個正確的算術結果是可證成的，但其中的矛盾不可能藉由邏輯證明。

第十一章 哥德爾和形式邏輯

■ ■ ■

我們先不看這個燒腦的方法，直接看比較簡單明瞭的含意。第一個不完備性定理指出，如果一個公理系統真的一致，則必定不完備：這個系統中一定會有某些陳述儘管為真，但無法完全用這個系統內的公理證明。就這方面而言，在算術系統中證明哥德巴赫猜想的困難之處，在於它（可能）是哥德爾所謂「為真但無法證明」的定理（目前我們還不知道）。第二個不完備性定理[*]是第一個定理的延伸，指出事實上所有完備的系統都無法證明自己的一致性。

我們可以更簡潔地總結這點：任何包含算術的系統如果一致，則必定不完備；如果這類系統其實完備，則必定不一致。從一開始，同時具備一致性和完備性的偉大目標，就是個吸引人的騙局。

碰！

---

[*] 原注：哥德爾沒有在柯尼斯堡提出和證明第二個不完備定理，但後來和第一個定理一起發表。

自此，維也納學派信奉的，數學邏輯和經驗科學的優越地位，已經從根本上被永久摧毀了。如果他們的雄心是關閉通往形上學思想的大門，那麼哥德爾可說是直接炸掉了這扇門。在理解力的領域中，顯然出現了科學家和邏輯學家永遠無法填補的鴻溝，只有某些形式的形上學直覺能完成這項工作。

形上學和直覺

除了經驗科學和形式邏輯，還有第三條得知真理的可行途徑：形上學和直覺。直覺的意思是僅在心智內體驗到的理解，這種對真理的理解無法以經驗主義或形式邏輯達成。

哥德爾藉由不完備性定理的證明方法和意義，表明了直覺在數學中具有不可或缺的重要地位。他指出有幾項事實確實為真，但只能以形式邏輯以外的方法證明，而且這種方法相當接近直觀。如此一來，他撤銷了邏輯實證論者的使命，讓直覺重新成為具有科學可信力的可行方案，讓人類能藉此得知事物的真實

本質。宇宙中無法透過經驗主義或邏輯證明得知的面向，或許能藉由心智的經驗得知。

對哥德爾而言，這些想法不僅是抽象概念。多年之後，美國數學家拉克（Rudy Rucker）提到哥德爾如何描述他的數學直覺的運作過程。他引述哥德爾的話，寫道：「我們必須摒除其他感覺，例如在安靜的地方躺下來。」「這類想法，以及所有哲學的終極目標，是達到對**絕對**的知覺。」[6]哥德爾藉由讓自己進入溫和的感官剝奪狀態，增強自己的內在感覺。對他而言，這種感覺和視覺、嗅覺、味覺、聽覺和觸覺等其他感覺一樣，只不過它是對數學對象和過程的直接知覺。哥德爾寫道：「儘管和感官經驗相去甚遠，但我們確實對集合論（一種數學理論）有著某種知覺；從公理強迫我們接受它為真，就可以看出這點。我想不出有什麼理由只相信感官知覺，而不相信這種數學直覺。就像感官知覺促使我們建立物理定律，並且認為未來的感官知覺會符合這些定律。」[7]

「與感官經驗相去甚遠」，同時心智中仍然有「某種知覺」──這樣的描述正是維也納學派提到「形上

學」時的絕佳定義。哥德爾不只完全藉助沉思來確立存在的真理（以他而言是數學真理），也證明了形式邏輯本身無法做到這點。形上學能解決科學和邏輯無法解決的問題，只是花費的心力既龐大又漫長。

有些陳述確定為真，但無法完全以邏輯證明，表示有些數學真理獨立於建立證明的機械式邏輯方法。換句話說，我們現在可以確定宇宙無法藉由公理產生定理的方法，完整地描述、呈現和「證明」。形式邏輯無法成為所有數學真理的最後方法。說到底，有些真理永遠只能依靠直覺來理解。

哥德爾不完備性定理的成就不只是證明或反證希爾伯特計畫的難解問題，而有著更大的企圖心。哥德爾重申了直覺對於「以科學理解宇宙的結構和運作」具有的重要性，使直覺再次受到重視，成為評估真理的方法；他讓科學至少能重新思考哲學提出的見解，對維也納學派而言還包括去重新思考形上學。如果方法嚴謹，直覺的見解和思辨現在也成為了要獲取真理時可接受、甚至必須採用的方法。

第十一章 哥德爾和形式邏輯

對哥德爾的回應

哥德爾的發現掀起浪潮,席捲了維也納學派和整個數學界。哥德爾的朋友納特金(Marcel Natkin)聽說柯尼斯堡的消息之後,從巴黎寫信給他:「我感到非常光榮⋯⋯你證明了希爾伯特的公理系統有無法解決的問題,這是一件大事。」[8]

不過,這個發現的意義不是每個人都能很快理解,事實上,只有少數人能馬上領會它的完整意涵。哥德爾在柯尼斯堡發表時,在座的聽眾中似乎只有普林斯頓數學家馮紐曼*瞭解得夠清楚──所謂的清楚不是指能教別人,而是能以它作為基礎加以發展。哥德爾結束發表後,馮紐曼立刻找哥德爾提問,直到完全清楚它的意義並瞭解其影響為止。另一方面,馮紐曼一直在研究希爾伯特的完備性計畫,或許也是因為這件事才讓他這麼快就能理解哥德爾的發表內容。

研討會後幾個星期,馮紐曼從普林斯頓寫信給

---

* 原注:這位馮紐曼就是促成朗頓研究複雜性的推手。

哥德爾，再度恭喜他這項「長久以來最偉大的邏輯學發現」，同時提出自己「傑出」的後續證明大綱，證實一致的系統不可能證明為一致。[9]對馮紐曼而言可惜的是，這個「傑出」的證明其實和哥德爾已經發現的第二個不完備性定理完全相同。儘管如此，馮紐曼顯然「已經」瞭解了這項發現。多年之後，馮紐曼頒發第一屆愛因斯坦獎給哥德爾時，表示哥德爾的成就「非凡且不朽——它不僅意義重大，而且將長久存留在時空中」。[10]

　　哥德爾的影響很快就經由英國數學家圖靈（Alan Turing）*的研究擴散出去。圖靈不僅瞭解哥德爾的證明，還將之進一步擴展。圖靈採用哥德爾的方法，因應希爾伯特計畫的第三個重大要求。這個要求指出，系統必須證明數的可判定性（decidability），也就是即使不知道一個問題的答案，也要能證明這個系統有一天將能確定答案。他用於進行「通用計算」的圖靈機（Turing machine）是層次極高的假想實驗，其中

---

* 原注：圖靈的研究也促成了朗頓著手研究複雜性。

第十一章 哥德爾和形式邏輯

詳細說明了哥德爾的證明：他沒有以哥德爾的形式符號構成邏輯線路，而是假設了一台具有自我指涉能力的機器。

圖靈的神奇機器反證了可決定性，再次加深了哥德爾對形式主義數學家的雄心所造成的傷害。此外，哥德爾後來寫道：「圖靈的研究成果讓我們清楚知道，我的證明適用於所有涵括算術的形式系統。」[11] 圖靈機也為當時剛萌芽的電腦科學領域奠定基礎，後來更成為現代生活的核心。

維也納學派希望找出方法，弭平哥德爾造成的傷害，但他們對這點（和其他許多方面）的討論每次都會演變成激烈的爭吵，憤怒地想堅持他們矛盾的方法。維也納學派對哲學和科學改革的傲慢和樂觀，影響他們接受結果和改弦易轍的能力。然而這種持續欠缺共識的狀況，終究證實了我們不可能逃避哥德爾的柏拉圖式信念。

維也納大流亡

讀者或許會問,維也納學派的看法又怎麼代表目前的主流文化看法?他們的想法如何在量子力學和哥德爾不完備性定理的碰撞中存活下來?

維也納學派固執地堅持數學和科學是唯一能闡明可靠真理的方法。在物理學世界中,愛因斯坦也帶頭拒絕接受量子奇異性和它的許多意涵。在這個陣營中,維也納學派的思想獲得了豐饒的土壤。它的思想一直延續到現在,只是相信的物理學家不這麼叫它,甚至沒有意識到它的存在。這些物理學家仍然堅持,相信會有辦法能一舉克服哥本哈根詮釋的障礙,只不過這個方法目前還沒有找到。

此外,在整個學術界中,維也納學派的觀點大致上沒有受到挑戰。邏輯實證論者也在努力推廣這個理論。的確,哥德爾橫空出世時,他們的想法已經透過研討會、造訪學術中心以及發表在學術期刊上的研究,傳播到整個歐洲和北美地區的學術社群。此外,英國哲學家艾爾(A. J. Ayer)花費一年時間參與維也

納學派會議,不久之後就發表了第一本英語書籍《語言、真理與邏輯》(*Language, Truth and Logic*),以闡述維也納學派的觀點。他的作品當時成為維也納學派輸入英文語系的哲學學院的主要管道(但幾十年後,他卻極力主張這本書是不正確的)。

維也納學派的影響力依舊占了上風,並且一直延續至今——這對個人和全世界來說都是一場悲劇。對維也納學派而言,某些「相鄰可能性」的存在可能真的相當令人恐懼。

隨著納粹德國興起,奧地利受到影響,整個社會和學術社群也都包含在內。1933年納粹黨取得絕對權力時,猶太和非猶太學者都開始尋找國外的職位。

然而,儘管法西斯在奧地利興起,維也納學派的領導者石里克教授卻沒有離開。他以舉止謙和、分析仔細、不吝於鼓勵年輕有天分的學者聞名,廣受同儕和學生愛戴。1936年6月22日,石里克在大學裡走上樓準備上課時,遭到一名似乎精神異常的學生開槍殺害。

凶手供出好幾個動機,包括幻想石里克跟他爭奪

一位年輕女性的青睞，還包括石里克的哲學作品是「墮落」和「猶太」的（但石里克根本不是猶太人）。不過由於這個政治理由，殺手被讚揚成德奧文化的勝利。兩年後，德國藉由德奧合併（Anschluss）併吞奧地利時，納粹政府把這名殺手當成英雄釋放。由一群思想家在鍾愛的城市結成的維也納學派，也在此後解體。

愛因斯坦逃出德國後，來到普林斯頓高等研究院。這個研究機構大力延攬哥德爾，最後成功說服他離開德國。當時是1940年代初期，對德國公民而言，安全地直接抵達美國幾乎是不可能的。哥德爾和太太艾黛爾（Adele）必須乘坐火車，由陸路向東穿過納粹佔領的波蘭、立陶宛和拉脫維亞，到莫斯科轉乘西伯利亞鐵路，在荒涼的冬季景色中前行將近一萬公里，到達海參威。他們接著坐船到日本橫濱，兩個星期後登上開往舊金山的克里夫蘭總統號（SS President Cleveland）。最後一趟火車帶他們橫越美國，前往紐約，最後於1940年3月到達普林斯頓。

許多哥德爾的學術界同行也去到英國、瑞士、巴勒斯坦、中國，以及最重要的美國，在首屈一指的

第十一章 哥德爾和形式邏輯

研究機構中找到避風港。他們的圈子現在更加分散，但持續發揮影響力，不僅影響科學哲學家，也影響他們本身。混沌邊緣的共同發現者朗頓和學生萊興巴赫（Hans Reichenbach）合作，轉而研究科學史與科學哲學。萊興巴赫是德國猶太人，同樣屬於維也納學派，後來轉往加州大學洛杉磯分校。從一個世代的科學家到下一個世代，分散的維也納學派成員不斷發揮個人影響力，並由此進入一般文化，形成現在常見的偏誤。

我們也可以說，維也納學派的觀點反映了一般大眾從 19 世紀邁入 20 世紀時的知覺轉變。從當時到現在，科學足以解釋宇宙萬物的想法對許多人而言「從直覺看來顯而易見」。

但維也納學派的觀點超越了一般常識。他們明確致力於提倡科學有能力、也應該探索存在的本質，這點在歷史上無人能及。那個時代的科學家，以及後來受教於他們的科學家都深受影響。20 世紀中期，除了高度科技化的理論物理學界還在爭論量子奇異性之外，維也納學派已經達成它的最高理想：科學不只在其領域中穩穩取得首要地位，在整個文化中也是如此。

後來到了 20 世紀後半，他們顯著的影響力開始消減，部分原因可能是科學家對科學哲學的興趣越來越小。邏輯實證論的興衰反映了時代思潮，維也納學派研究科學的方法已經成為現代生活的一部分，而不再需要理由或解釋。

至於邏輯學家和數學哲學家，運算科學和資訊理論的前景，從馮紐曼、圖靈到矽谷等等，都出自哥德爾的直覺。在這些世界裡，沒有人忘記邏輯實證論者的形式主義雄心，但他們最印象深刻的可能是這座精緻的獎盃如何被哥德爾打得粉碎。現在，仍對維也納學派研究感興趣的人，關注的多半是它不凡的歷史，而不是當年曾經獲得熱烈支持、但現在已被揚棄的計畫。

普林斯頓的哥德爾

哥德爾自己選擇了不同的道路。

在普林斯頓，他很快就和愛因斯坦變得交情極好。高等研究院分配給他的辦公室正好在愛因斯坦樓

第十一章 哥德爾和形式邏輯

上,這兩位不世出的天才幾乎每天都一起散步談天。

愛因斯坦的年紀比哥德爾大好幾十歲,是世界知名人物,身高較高又不修邊幅,豪放不羈的頭髮上戴著針織毛帽,寬鬆的大衣幫他阻擋冬天的寒風。另一方面,哥德爾永遠穿著整齊,量身定做的大衣裡面是西裝領帶,合宜的費多拉帽保著他梳理整齊的頭髮。愛因斯坦個性外向,晚年致力於培養合作學者;哥德爾則仍然一絲不苟,而且十分內向。愛因斯坦有過兩段不愉快的婚姻,一次是和天資聰穎的馬利奇(Mileva Marić),她對相對論的貢獻還有待研究。第二次婚姻是和他的表姐艾爾莎(Elsa)。艾爾莎是愛因斯坦的守護者,儘管愛因斯坦一再不忠,她仍堅定不移。

相反地,哥德爾始終深愛艾黛爾,但哥德爾的家人因為她的年齡(比哥德爾大七歲)和工作階級(她曾經在維也納的夜總會跳舞,後來又當過按摩師)而極力反對。

但哥德爾和愛因斯坦在普林斯頓時,他們會從家裡散步到辦公室再走回來,一年四季都是這樣,

可以說是愛因斯坦晚年最親近的知性伙伴。經濟學家及與馮紐曼合作提出賽局理論的摩根史特恩（Oskar Morgenstern）回憶：「愛因斯坦常跟我說，他晚年經常找哥德爾，以便跟他討論。有一次他告訴我，他自己的研究已經沒有很大的意義，來到高等研究院只是 um das Privileg zu haben, mit Gödel zu Fuss nach Hause gehen zu dürfen（為了有機會能跟哥德爾一起散步回家）。」[12] 摩根史特恩後來補充：「他最欣賞的就是哥德爾。」[13]

高等研究院中另一位物理學家戴森（Freeman Dyson）回憶：「我們四個同事中，只有哥德爾能和愛因斯坦平等地散步和討論。」[14] 哥德爾自己表示：「我們討論的主要是哲學、物理學和政治……我經常思考，愛因斯坦跟我聊天時為什麼會有這麼大的樂趣，我相信原因之一是我的看法經常和他相反，而且毫不隱瞞。」[15]

愛因斯坦於 1955 年 4 月去世，比哥德爾早很多年，造成哥德爾極深的失落感。他去世之後，與哥德爾親近的伙伴只剩下艾黛爾和摩根史特恩。哥德爾成

年後經常苦於憂鬱症和妄想症等心理疾病。艾黛爾後來因為自己的健康問題而必須住院七個月時，寂寞和擔憂造成的壓力使哥德爾的心理問題變得更加嚴重。少了艾黛爾使他保持鎮定，哥德爾的恐懼和妄想越發不可收拾。他拒絕進食，部分原因是害怕遭到下毒，最後於 1978 年 1 月因為營養失調去世。

哥德爾對我們的意義

我們必須記得一個重要觀念：要深入瞭解存在的本質，數學直覺不是唯一的途徑。儘管哥德爾等人的主要概念是柏拉圖的數學理型，但沒有任何因素排除其他透過內省發現的直覺。

哥德爾個人的直覺源自內省想像內產生的**經驗**，因此是在心智內感知的經驗，而不是在物質存在中感知的經驗。對我們而言，內在洞察（更精確地說是透過深思，產生的經驗）也是豐富的資料來源，可以用以建構存在理論。無論這個沉思是躺在沙發上，想像自己漂浮在數學理型界中的哥德爾、面壁打座的佛教

徒、坐在恆河邊的瑜珈士，還是亞馬遜河流域執行死藤水治療儀式的薩滿，其實都不重要。

哥德爾自己於1963年提到他的研究對其他形式直覺的影響，並且寫信給他母親說：「可以預料到的是，遲早有一天，我的證明將對宗教帶來幫助，因為它在某個意義上無疑同樣正確。」[16] 雖然他鄙視宗教正統的某些面向，但也認為「連現今的哲學研究，對理解這類（宗教）問題的幫助也不大。因為現在90％的哲學家認為自己的主要任務是把宗教思想趕出大眾的腦子，因此他們在這方面的效果其實和糟糕的教會一樣」。[17]

相對論、量子力學和複雜性等理論，可說是現代人試圖理解存在本質的顛峰，但經驗科學本身仍然無法不藉助外來協助，就完全理解其本身的意涵。量子物理學家證明了主體和客體無法完全分離，揭示了經驗科學的硬性極限；哥德爾接著引領我們望向純粹邏輯和經驗科學之外，探究如何理解宇宙。

在這本書探究複雜性的過程中，我們大多專注於科學見解。我們談到量子力學，認識哥德爾，也說明

第十一章 哥德爾和形式邏輯

要完全理解現實的真實本質,形上學思考是必要的。這些思辨可能產生什麼樣的結果?

複雜之美

第十二章

形上學再度登場：基礎覺察

拜哥德爾之賜，現在我們能自由（但非常小心地）探索那些透過持續地沉思獲得的形上學洞察，進一步以它和當代的意識科學爭議互相對話。

沉思有許多種形式。有些把心念「點狀」集中在某個目標上，例如一個單字（例如「真言」）或形象（例如曼陀羅或佛像）。有些強調「無選擇」或「開放覺察」（open presence），保持心念開放，接受各種感覺訊息流入，沒有執著、評斷（例如「那隻鳥叫得好好聽！」）和厭惡（例如「唉！那些車一直按喇叭！」）。無論什麼方法，一段時間之後（幾個星期、幾個月或幾年），這些沉思的練習將成為心智對於沉思自我的經驗。

經驗豐富的冥想者心中能產生直覺，瞭解心智的本質，就像哥德爾憑直覺瞭解數學的本質一樣。儘管抱持唯物論的科學家和哲學家不贊同，但這些觀察結果應該被視為關於意識的重要材料。它們與藉助更強大的觀察記述獲得的自然界相關資料相同，包括透過顯微鏡看到的細胞結構，或是透過高能粒子對撞機發現的量子粒子等。

有些優秀的科學家和思慮清晰的哲學家對這些透過沉思獲得的資料很有興趣，其中有些甚至自己實際練習冥想，把自己的觀察結果納入科學模型中。但也有許多人仍然相當不瞭解沉思，也認為它不是可信的資料來源。但這種過時的拒絕就像維也納學派輕蔑地罵著「形上學！」的聲音一樣，如回音般逐漸遠去。就像色盲的人告訴沒有色盲的人，世界上沒有紅色這種東西、也不可能有紅色這種東西一樣。

關於沉思洞察的提醒

當然，我們把這些資料納入思考時，將會面臨一

個方法問題。我們能相信親身記述嗎？關於現實本質的可驗證真理主觀經驗，和刻意幻想、甚至精神病有什麼區別？

橫跨科學和冥想兩個領域的研究者應該時時警惕，即使冥想經驗極為鮮活，甚至足以改變人生，仍然應該對這些經驗抱持懷疑的態度。我自己的禪修經驗無論多麼鮮活、對個人具有多大的意義，無論它們多麼符合佛教概念，我都會反思我個人的禪修洞察和佛教教義之間相似的地方，會不會只是反映了我先前讀過的佛學書籍所造成的確認偏誤？為了區別錯覺、幻想和科學資料，我們需要明確的準則，來評定個人洞察的可靠程度。

首先，無論感覺多麼奇特或「有實體感」，可轉述的經驗必須具備一定的深度和可再現性，而不是單一而不可重複的經驗。第二，這類經驗必須通過其他人的評估，而且評估者最好是對相同的沉思方式具有長期經驗的老師。這類關係在不同文化中的名稱各不相同，包括宗師與門徒、老師與學生、師父與徒弟、導師與門生等等。這類靈修訓練和科學訓練其實沒有很大的差別，都必須由經驗豐富的專家直接將學問傳達給新人，透過

佛學說的「以心傳心」，一代代地傳承下去。

沉思練習是知識的來源

在我剛開始思考複雜性理論對宇宙自我組織的意義時，驚訝地發現複雜宇宙的過程和結構，完全精確又具體地吻合那些神祕傳統思想中的洞察。其中，我特別注意到猶太教和印度教神祕主義，和佛教形上學的觀點相當雷同。後來認識了和我合作研究意識的物理學家、數學家和宇宙學家卡法托斯時，他證實了印度教的觀點是相當類似的，此外還加上喀什米爾的濕婆教。

我們之所以選擇深入探討這四種傳統思想，其實沒有特別的原因；我和卡法托斯最熟悉這幾種思想體系，途徑包括直接啟蒙、實踐以及學術興趣。當然，與沉思有關的傳統思想還有很多，讀者們也可以研究自己熟悉的傳統思想中是否也有類似或相關的觀點。

這幾種傳統思想在某些方面相當類似，但在某些方面又差異頗大。這些差異有一部分源自這些靈性傳統思想希望解答的問題各不相同，各自依照自己關

注的重點提出問題。舉例來說，佛陀想知道人類的苦惱從何而來，以及有沒有可靠的方法能終結痛苦？另一方面，許多猶太神祕主義者認為，最重要的問題是上帝最初如何創造宇宙，以及後來世界如何被重新創造，並且延續到現在。

當沉思者開始嘗試用語言向還不具備相同覺察程度的人表達自己的知覺時，一定會遺漏某些東西。使用語言、圖形、數學等符號表達時，多少都會偏離目標。

儘管如此，我們還是得盡量努力。即使可以想見地，難以述說的經驗將被用以描述的語彙所扭曲；縱使這些經驗本質上就是無法述說的，我們仍然努力尋找詞句來傳達這些經驗。所以，接下來的描述會有許多詞句和形象，它們是必要的妥協，但其實仍不足以述說那種經驗。

儘管這些傳統思想追尋的目的各不相同，也採用不同的詞句和符號來傳達這些形而上的經歷，但它們的洞察都彼此相關，甚至部分相同——它們對於存在的基本特徵的描述，和複雜性理論、以及互補性和全子系在自我組織的宇宙中扮演的角色如出一轍。

創造和意識

　　我和卡法托斯設定的目標是建立綜合性的宇宙模型。這個模型同時具備當代科學的複雜性結構和西方文化的哲學洞察，並透過這些洞察解答意識的困難問題。我們探討的每種傳統思想都可產生明確有用的概念。

　　我們在這四種傳統思想中，找出了與存在的複雜性分析一致的元素。由此，我們可以直接地看出意識覺察在宇宙中發揮作用的架構。

佛教：光明心

　　許多佛教概念相當符合複雜性理論對宇宙的理解。先前曾經提過，佛教徒經常談到萬物的相互依存、無常和空性，這點就符合複雜性、互補性和全子系等觀點。

　　歷史上的佛陀（如果確實存在的話）深入自己的心智，探索現實的真實本質，理由是為了減輕痛苦。他認為痛苦的原因是執著於欲望對象，和對厭惡對象的反感。但若對象本身的存在是空無的，執著和厭惡

也會跟著消解。當然,概念本身無法使欲望和厭惡消失,但根據古代和現代佛教徒的記述,直接感知空性的真理就能達到這種效果。

因此,佛教和科學提出的現實本質上並沒有不同,而且在某些重要細節上完全一致。

在意識方面,冥想時源自心智深層產生的直接知覺,被描述為一種本淨(primordially pristine)、自發、自我生成和啟蒙的感知;在某些佛教傳統中也稱為「光明心」(mind of clear light)。*而在最深的冥想狀態中,人的心智將不只是侷限在自身之內,而是能與更大、甚至無限大的事物連結在一起。

想像我們探索一個洞窟時,發現幾個清澈的地下水池塘。這幾個池塘看起來各自獨立,但如果潛入水中,會發現它是一個充滿水的巨大洞穴。池塘表面的小小波動,其實代表下方龐大水體中洶湧的水流。

冥想者的心智也是如此。他們深入內心,遇見龐

---

* 譯注:也稱為「自性清淨心」,指可以透過冥想感知到的,光明而沒有欲念染雜的人心本性。

大的大 C 意識地下河流（常見的印象）不停地流動，水面不時興起波浪，有時緩和、有時洶湧；這些波浪就是我們個人的小 c 意識。*

魯利安卡巴拉：創造的潛力

卡巴拉（Kabbalah）是希伯來文「接受」或「傳統」的意思，通常用來代表猶太神祕主義。這裡我們討論的是神祕的 16 世紀拉比魯里亞（Isaac Luria）在他的學校內教導的內容，也稱為魯利安卡巴拉（Lurianic Kabbalah）。他提出的其中一個問題是，上帝「起初」如何創造宇宙，並且一直持續創造到現在？他認為在冥想狀態中，我們可以接觸到無限光明的意識——相當接近佛教徒所描述的知覺。在希伯來文中，這種光明是恩索夫（Eyn Sof），字面意義是「無盡」。在魯

---

* 原注：離開人世時，我們小小的心智將回歸這道永不止息的洪流。經常冥想、和擁有瀕死經驗的人，往往會在直接體驗這道意識之流、這種「光明心」之後，帶來影響人生的改變，以「新眼光」看待混亂甚至痛苦的親身體驗。如此一來，這些直接洞察將有助於減輕痛苦——這正是佛教徒的主要目標。

利安的思想傳統中,這種光明便是作為「存有根基」（ground of being）的創造力——存有根基是哲學家與神學家田立克（Paul Tillich）創造的詞。[1]**

和在佛教中一樣,我們也可以透過魯利安卡巴拉,體驗到恩索夫的概念如何指向唯心論的純粹大C意識領域:只要我們在自己的心智深處,體驗想法如何自發地出現,一個接著一個,接著又自己消失。我們也能從中體會到物質存在如何以同樣的方式,由大C意識產生,在其中來來去去。換句話說,由我們的意識產生的想法的過程,也呈現了大C意識如何創生萬物。對卡巴拉信徒而言,這種創造和意識的交織也展現了萬物與其神聖起源的關係。

當我們深入自身,**觸**及這個最根本的領域時,便可以影響它,成為上帝的同伴,與所有受造物一起朝著純粹、完美和平靜的狀態邁進。

為了達到這個目標,卡巴拉信徒列出源自恩索夫

** 譯注:「存有根基」是一種神學觀點,認為上帝是超越個人經驗的非人格存在,在世界上無處不在,並蘊生一切事物。

的所有存在的顯現階段。其中，卡巴拉的**四個世界**概念詳細地描繪了這種神聖的創造力。這些「世界」以全子系的方式存在，就像我們這個複雜的宇宙可以視為一種全子系一樣。

這四個世界的神祕主義名稱，也適用於我們以科學建構的「現實的真實本質」。第一個世界是原型界（Atzilut），由恩索夫向外發散；這個名稱是不是讓人想到量子泡沫如何從時空向外發散？下一個世界是創造界（Briyah），和《創世記》中描述從無到有的創造過程相同；這讓人想到由量子泡沫產生的弦、環圈、場或粒子等最小實體，能自由地彼此交互作用。接下來是形成界（Yetzirah）；這些實體像標準模型中的粒子或量子場論中的場一樣，彼此交互作用，形成原子和分子。最後是物質界（Assiyah），它是行動或行為的平凡世界，顯現所有物質存在的實體世界；我們的日常生活（也就是所有生命）和它們的潛力,[*] 都

---

[*] 譯注：在此處和後稱的「潛力」帶有形上學的意涵，即指某個事物或現象在實際生成、發生之前的潛在狀態。

在這個世界交會。這四個世界是創造的舞台,如同量子、原子、化學和生物尺度,可以被視為舞台上自我組織的過程。恩索夫並不是創造了與它本身分離的物質宇宙,而是所有向外發散的事物,完整又密切地代表整體。上帝存在於一切細微中。

卡巴拉提供了一幅概念圖,說明了創造「起初」如何進行,以及全子系宇宙如何一刻又一刻、一次又一次地重新創造自身。此外,這個極為精確的圖形呈現的不是兩種不同的現實本質,而是透過不同的語言和文化架構來觀看的同一種真實的本質。**

吠壇多不二論:非二元性

在印度教方面,我們要介紹的是吠壇多教

** 原注:卡巴拉有另一幅說明宇宙如何形成的著名圖形,稱為「生命之樹」。這幅圖包含十個(或十一個)上帝的屬性,用以過濾或隔離,防止存在的事物受到具有神性的、最純粹的創造之光影響。猶太神祕學的完整解釋遠超出本書的範圍,但這個主題的相關書籍很多,書末的「進階閱讀」也列出了幾本。

派（Vedanta），源自古代吠陀經典《奧義書》（*Upanishads*）的教義和方法。吠壇多探討存在的兩個面向：梵天（Brahman）是現實的神聖來源，自在天（Ishwara）則是物質世界的表象。它們的關係類似於魯利安卡巴拉中的恩索夫和四個世界。

這個神祕的傳統思想強調非二元性的概念。梵天是非二元的不二（Advaita）──在這種狀態中，主體和客體、觀察者和被觀察者沒有分別。在這種狀態中，就算分化成不同特徵，也最多只能做為一種原始的潛力，而沒有清晰的展現。

相反地，自在天是二元狀態，在我們一般的世界經驗中，主體和客體分離，客體位於進行觀察的主體以外；「我」觀察「那個」，「你」觀察「這個」。二元性描述的宇宙具有分化但互補的特性，例如量子力學中的光有波粒二象性，相對論中也有物質與能量二元性，非科學領域同樣有這種區別：光明和黑暗、男性和女性、活著與死去等等。

就意識而言，這類傳統中的冥想者在描述他對梵天的直接體驗時，也類似於佛教徒和卡巴拉信徒：純

粹、不變、永恆又光明的境界。但他們也強調它具有絕對、非二元覺察的性質，是一種完美無瑕的覺察，沒有主體或客體，只有大C意識本身，只有對這種覺察的純粹覺察。如同我們在清晨醒來，必定會先察覺到自己醒著，才開始記下自己的心理活動或身體感覺，這些都會自我組織成對「我」的覺察。

喀什米爾濕婆教：宇宙如何誕生

　　喀什米爾濕婆教（Kashmiri Saivism）是印度教的其中一個思想體系，著重於非二元性和二元性之間的相變化，探討其中最細微的細節。這些濕婆教徒會探討許多的 tattva（梵文「部分」、「原理」或「存在過程」），其中有五種「純粹」的 tattva 詳細說明了主客體的分離如何發生自潛藏的非二元覺察中。[*]濕婆教徒的主要探究目標就是非二元的大C意識如何生

---

[*] 原注：我認為這可能相當於魯利安卡巴拉中的原型界產生自恩索夫。

成、顯化為有著二元性的宇宙。

這解釋起來相當複雜，但簡單來說，身為主體（「我」）的感覺和身為客體（「那個」）的感覺起先只是在一體性的覺察中，緊密交織的潛力。它們最初開始分離時，身為「我」的感覺首先在一體中變得比較不同。接著改變再多一點的時候，對於「那個」的感覺也逐漸變得明顯，但它們仍然只是一種潛力。在第四步中，它們變得更加明顯——儘管正在分化，但仍然在一體之中。在第五步中，它們完全分離，主體和客體分別完全地顯化。我們也終於到達二元性產生的時刻。

我想以我覺得有幫助的方式（過度地）簡化這一點：它如同我們採取行動之前，行動的**意圖**早已存在。在可辨的意圖成形之前，還有一股逐漸升高的衝動。衝動本身也以某種方式，從幽暗又無法察覺的潛意識，巧妙地滑入我們的有意識的心智中。

其中發生的過程很多，但在行動的時刻之前，我們知道的很少。

■ ■ ■

#　第十二章　形上學再度登場：基礎覺察

　　這四種傳統思想各自透過不同的冥想方式獲得了互補性的描述，並指出某個超越物質存在的事物，早在時空和量子泡沫之前，就已經存在。它們所指出的就是光明、具創造力，並且由非二元純粹覺察構成的大C意識。當它分化成主體和客體時，就會在其中產生存在。

　　這幾種傳統思想和複雜性理論的宇宙觀之間的關係，讓人想到瞎子摸象的故事。故事中，有一個人說大象的鼻子像蛇，另一個人說大象的腿像樹；一個人說牠的身體像牆壁，也有人說牠的尾巴像鞭子。同樣地，每一種探究模式、每個文化觀點、每一組關於現實本質的問題，都呈現了謎題的某個部分，也遺漏了其他部分。

　　我和卡法托斯發現這些形上觀點不僅彼此相容，而且也和複雜性理論一致。它們能融合成完美無缺的整體，鼻子、腿、身體和尾巴，代表了大C意識這頭大象本身。意識是存有的基礎，或是我們所謂的基礎覺察。

合而為一：基礎覺察

把人類探索現實本質的三個重要方法：經驗科學（複雜性理論）、哲學（唯心論）和形上學（佛教、卡巴拉、吠壇多和濕婆教）結合起來，我們可以發現柏拉圖的理型界，其實就是這個非二元的純粹覺察境界。所謂的純粹覺察，就是主客二元性形成之前的基礎覺察。[2]

濕婆教指出了創造過程中的關鍵環結，深入地說明主體和客體彼此分離的潛力，以及它們如何透過這種奧妙的分離出現二元性的存在，精確地描述了創生的時刻。「分離」是指兩者分開，代表距離由此生成；空間中的距離、時間中的距離（或許還包括其他維度中的距離）。有了距離之後，就有了時空，它就是創造的第一個行動——非二元性被二元性取代，同時創造存在的結構。

擁有充沛能量的時空噴發著量子泡沫；出現在量子泡沫中的實體彼此交互作用、自我組織，成為次原子粒子、原子和分子，接著成為整個物質宇宙。

在納入這些形上學洞察之後,這個模型就可以更完全且一致地指出,存在是自我組織的全子系宇宙,而且有生命、有意識,因為它源自意識本身,源自非二元的純粹覺察。

宇宙本身是第一個主體和客體。基礎覺察永不止息又深刻的創造潛力,產生使它認知自身的機制。亞伯拉罕一神論的神祕主義者認為,這種原始大C意識是上帝最深奧的現實,並且把創造的決斷歸因於它。蘇非大師伊納亞特汗(Hazrat Inayat Khan)曾經這麼說:「整個宇宙由只有上帝知道的秩序構成。種子想知道自己是什麼、自己裡面有什麼,因此長成大樹。」[3]

基礎覺察的部分意涵

現在,我們又回到意識的困難問題。但從基礎覺察的觀點看來,它一點也不困難。如果覺察本身是所有存在的基礎根源和本質,那麼就定義而言,宇宙整體和每個細節,都是覺察的內容。

「覺察的內容」是什麼意思?出現在我們心中的

想法是覺察的內容；我們藉由感官感知世界時，出現在心中的經驗，是覺察內的經驗；夢是作夢者的心智內容，也是心智內的經驗。

同樣地，時空和量子領域也是意識內的經驗；標準模型和量子場理論領域中的粒子是大 C 意識**內**的經驗；原子和分子、岩石和玫瑰花、**蟻**群和鳥群、經濟體和生態系、太陽和行星、星系和大規模星系結構，甚至暗物質和暗能量，都只是大 C 意識內的經驗。

對你我而言也是如此。沒錯，「我們都是星塵」；但在此之前，我們是純粹的大 C 意識、純粹的覺察。現在，出現了兩個新的「困難問題」：第一，人類的大腦如何把大 A 覺察，[*]轉換成我們所認為的個人心智？這個過程的量子、分子和細胞機制是什麼？我和卡法托斯提出，「可由意識的神經關聯得知的不是大腦如何創造覺察，而是大腦如何轉換大 A 覺察。」[4]

第二個新的困難問題是，大腦存在於大 C 意識**之內**，所以把大 C 意識轉換成小 c 意識的機制本身也

---

* 譯注：對應原文中首字母大寫的 Awareness。

由大 C 意識構成。這就像由無線電波構成的收音機一樣。我們突然發現自己身在哥德爾證明和圖靈機中，一種宛如《愛麗絲夢遊仙境》的自我指涉。我覺得這不是巧合。

在各種尺度中，我們發現這些重複面向源自一個穩定、持續的流動過程，包括分化（基礎覺察之內）、流溢（時空和量子泡沫）和自我組織（在所有層次較高的尺度），所有存在（existence）藉由這些過程成為存有（being）。透過這些過程，互補性隨之浮現。流動**、互補性和遞迴，彷彿成為整體特徵的三大支柱，也可以稱為「普遍定律」。它們是讓存在藉由大 C 意識成為存有的真正主要特質，世界中的每個元素都以平行的螺旋上升與下降，構成自我遞迴的連結。

當然，這些都只是直覺。儘管如此，它們確實成為把這個基礎覺察的共同架構轉化成精確數學理論的基礎。[5] 科學和靈性形成合一的整體，這是多麼激動

** 原注：我和卡法托斯有時依據懷海德的歷程哲學（process philosophy），不稱它為「流動」（flow），而稱為「過程」（process）。關於歷程哲學請參閱第 218 頁。

人心的發展。

其他意涵

我們將這個觀點稱為「基礎覺察整合模型」，因為它整合了科學、哲學和形上學三個來源的知識。它的包容性超越大多數意識模型，更全面地說是存在模型。這種包容性使它成為跨學科領域的搖籃，得以藉其進行研究、孕育和突現驚奇。

以科學而言，基礎覺察整合模型融合了 20 世紀最重要的三個理論：量子力學、相對論和複雜性。它完全符合哥本哈根詮釋，也不缺少對量子力學意識理論的直覺，更包含了由與尺度相關的「事物」自我組織而成的全子系。這些事物橫跨物理學、化學和生物等所有科學領域，也涵括所有存在尺度。

它預示了一種方法，可讓我們從量子奇異性的領域，進入看來普通的日常經驗古典領域。它也指出，以演算法程式控制的電腦能生成人工智慧，但無法生成真正的意識，因為意識不只是複雜程式的突現性

質。如果有人想製造「真正的」人工智慧，必須先使電腦成為覺察的轉換器，就像大腦一樣；但這點似乎超越了複雜程式的能力範圍（但可能在未來工程師的能力範圍內）。*

它也讓我們可以在有爭議的領域進行科學研究——我們應該持續投入時間和資源，研究離體經驗、**預知、遙視和瀕死經驗這類超自然心理現象（又稱為 psi 現象）。這類研究或許可以證實心智有能力獨立於大腦之外，進而排除唯物論者認為大腦產生心智的看法。我們曾經討論過，如此將可形成與針灸、能量療癒和阿育吠陀醫學等方法有關，而且能為健康和療癒領域提供進行跨文化對話的共同語言。這些

---

*　原注：這類未來工程可能會是什麼樣子？有一種可能狀況是，為了讓機器產生真正的意識，機器必須具有某種驟冷無序，因此不是完全由演算法程式控制的呆板過程。我們自己的意識源自量子尺度事件，但這類事件通常不容易看見。在真正的量子運算中，資訊或許不是 0 或 1，而是處於 0 和 1 的疊加狀態，直到運算時才確定——真正的量子運算將有能力轉換基礎覺察。但我認為目前的 AI 解決方案還無法做到這點。
**　譯注：離體經驗即通俗語言中的靈魂出竅，指在自己身體外經歷知覺經驗。

想法使唯物論科學家和醫師感到非常焦慮，但不算危險。它們不會讓科學變得破碎、使我們陷入迷宮中，而是代表人類尚未開發的潛能之泉。

最後，這個綜合系統和始於柏拉圖，再由史賓諾沙和康德等人進一步發展的唯心論哲學相當一致。20世紀，懷海德在他的「歷程哲學」中描述，表象的宇宙只是對某個宇宙的模糊經驗；這個表象宇宙基本上沒有物質，只有歷程、交互作用和關係。這些哲學家和波耳、海森堡和普朗克等物理學家，以及哥德爾、馮紐曼和圖靈等數學家及邏輯學家的看法相當一致。

根據日常的感官證據，我們日常的世界確實存在，而且與我們完全分離。愛因斯坦相信確實如此，社會特別重視的經驗科學也支持這個「常識」觀點：**萬物看起來只像是個體事物**。我們的知覺和直覺共同創造了這個幻象，認為有形物體獨立存在，而且彼此分離。然而，部分並非和整體分離，也無法分離。我們誤認為在沒有感覺、沒有生命的宇宙中，每個人都是不重要的小齒輪。我們的集體幻想認為自己分離又孤單。我們在神經發展、直覺和教育的訓練下，忘記

了我們進入這個看似獨立的生命之前,從子宮中帶來的天真但不幼稚的連結感。

但忘記的東西可以重新學習,丟失的東西可以找回。無論我們誤解了什麼,在生命中的每一刻,我們都能意識到自己真正的本質,既鮮明又新穎。

複
雜
之
美

後記

21 世紀的每一天都極具挑戰性。蓋亞越來越熱,造成混亂的政治、經濟和疫情蔓延全球。面對這類令人憂心的不確定性時,複雜性讓我更能保持冷靜,甚至懷抱希望。

這就是混沌邊緣的生活。

大規模滅絕造成威脅,但也帶來新的可能性,創造新的世界和身為人類的新方式。在混亂而混沌的時刻,相鄰可能性也會隨之大幅擴增。從更大的視野思考時,我發現自己的呼吸和心跳都慢了下來,和我靜坐時一樣。我更能從驚恐的悲觀情緒中,看清自己的心神,開始相信無論發生什麼狀況,整個世界都有生命,有覺察,如常運行,超越好或壞、生和死等各種

想法。的確，我也害怕種種痛苦和失落，但我也經常想到，在這些以外，有同樣真實的真理與之互補。這種想法無法解決這些問題，但能讓我們沉靜下來。

複雜性讓我開始思考自己要如何參與周遭世界，而不只是畏縮地低著頭。我的動作不需要很大，因為所有效果都是局部的；而且我們永遠不知道，蝴蝶這次拍擊翅膀，將在世界上造成什麼影響。我們只需要知道，我們時時刻刻都有機會創造適應性的改變：增加人與人之間的互動、加強恆定的社會回饋迴路、勇敢地拒絕（看來似乎是）由上而下的控制，以及相信沒有任何事物是命定或無法改變的。隨機性的潛力在每一刻都能帶來新的可能性的，讓我們大感驚奇。無論這一刻多麼可怕，挽救生命的適應能力都可能潛藏在不遠處，甚至從我們曾經協助孕育的事物中產生。

複雜性也促使我藉由冥想直接體驗這類真理。我剛開始冥想時，是為了「獲得某些東西」，例如帶來改變的覺察、悟道的體驗，為了獲得真正超越日常經驗、超越我自己極限的東西。但現在我知道（讀者應該也知道），就科學上說來，我們尋找的不是自己以

後記

外的事物，而是內在、固有，位於內心深處的東西。

完全由事實和理論建構的知識（無論一個人的天賦如何）通常不足以帶來真正的啟發，即使是愛因斯坦、海森堡或哥德爾這樣的人也是如此。但這些事實和理論可以讓人相信，自己內省時看到的不是幻覺或幻想。我們是這個身體，我們是這些分子，我們是這些原子，我們是這些量子實體，我們是這些量子泡沫、是時空的能量場，最後，我們是基礎覺察——經過一個又一個普朗克時間，從它產生萬物。這個身體和心智、這顆心和靈魂，就是超越性的現實。它不在別的地方，不在我們需要伸手或動身前往的地方，而是就在此刻、就在這個身體之中。我努力地想要指出，最現代、最先進的科學和哲學已經證實這類知覺既準確又真實。

我不是說這些概念是萬靈丹。大規模滅絕事件即將發生的時候，言詞和想法都是不夠的。我還算知道這類狀況；我的雙親是納粹大屠殺的倖存者，整個家族、城市和文化的滅絕故事伴隨我長大。我剛成年時正值愛滋病流行期間，身為紐約市的年輕男同性戀者，目睹了人類在滅絕事件中的各種經驗。

我體會到，言詞和概念在大規模死亡和社會崩潰時，是救不了人的。言詞和概念一個人也救不了。但我也體會到，一個人可能死得很好或很慘；倖存者可能大致毫髮無傷或受創極深。兩者的差別是什麼？在於我們是否能以韌性和鎮定面對環境。

複雜性揭示的真理激發我們創造自己的方法，去培養這樣的韌性和鎮定。這類方法應該透過一代代歷經磨練的經驗來學習，但現在我想證明，它也可以用現代社會最先進的科學來驗證。

複雜性提醒我們留意，複雜性促使我們參與，複雜性使我們感到謙卑，指出我們只是極大的整體中極小的一部分。複雜性也使我們更加崇高——我們做出的每一個小動作、發出的每一個聲音，都可能使整個世界從某種可能性轉移到另一種可能性。

複雜性也為我們帶來慰藉，它明確地、無法避免地指出，無論我們感到多麼疏離和孤單，我們每個人，在每一刻，都是有生命、有意識宇宙的純粹表述。沒有事物是疏離的，沒有事物被冷落，萬物都真實、純粹而且完整，就像你我一樣。

致謝

從小時候開始,書就是我的朋友和寶物;但我只是讀者,不是作者、經紀人、編輯、出版商這些了不起的生產者。現在,我驚喜地多了一個身分。

我非常感謝 Trident Media Group 的經紀人 Amanda Annis。她十分瞭解我應該寫出什麼樣的書,並說服我寫出這樣的書。此外要感謝 Sam Nicholson、Julie Grau 和 Cindy Spiegel 肯定這個提案。Sam 協助我提高清晰程度,Julie 慷慨而優雅地協助我找到我的寫作魂。

另外還要感謝歡迎我,一路以來鼓勵我的眾多出版人:Maureen Seaberg、Chris Bram、Erin Wick、Jennifer

Keishin Armstrong、Roz Paar、Philip Bahr，以及親愛的同修 Sybil Myoshin Taylor 和 Rev. Robert Kaku Gunn。感謝這本書最早的讀者：Stu Kauffman 和 Menas Kafatos，他們糾正了關於複雜性、物理學和意識的錯誤。感謝 Shelby Frantz、Mark Horn、Elizabeth Visceglia 和 Duane Michals，他們讓這本書適合各類型的讀者。

感謝 Anne Horowitz 的審稿精確、徹底又寬容。插圖起先由熱心、有耐心又大方的 Srecko Dimitrijevich 和 Diana Hope Pierce 負責，接著是同樣才華洋溢又無比有耐性的 Beth Kessler 和 Jill Gregory。接著感謝 Spiegel & Grau、Neuwirth 和 Two Rivers 的團隊：Andy Tan Delli-Cicchi、Shaya d'Ornano、Jeff Farr、Jacqueline Fischetti、Beth Metrick、Amy Metsch 和 Nora Tomas，他們協助了這本書製作和宣傳過程中的各個層面。本書的內頁和書衣設計遠遠超出我的期望和想像，感謝 Meighan Cavanagh 和 Charlotte Strick。此外 Nicole Dewey 規劃的宣傳活動非常傑出，就像是拿破崙和我母親的組合。

我曾經受惠於許多老師和合作夥伴，他們帶領我

致謝

探索各種各樣的知識，讓我把所有資料串連在一起。在這些人中，最重要的是在這些想法的發展過程中扮演關鍵角色的老師、合作夥伴和朋友：我的佛學老師 Roshi Pat Enkyo O'Hara、耶魯大學的幹細胞生物學合作夥伴 Diane Krause，以及我的老朋友萊德，他介紹我認識藝術家普羅菲特，後來又找來數學家迪恩維諾和電腦科學家桑德斯，組成「細胞小組」。此外還有生物物理人類學家 William (Bill) Bushell，他是多方面的天才，帶領我在異常崎嶇的知識領域裡前進。量子物理學家、宇宙學家、沉思的數學家和哲學家 Menas Kafatos，他帶領我進入量子物理學和意識研究的領域。他們改變了我的人生。

　　我的兩位薩滿教師，姓名暫時保留。他們的守護引領我、持續鼓勵我探索新的存在領域。此外還有 Reb Zalman Schachter-Shalomi。他在某個重要的下午，用二十分鐘橫跨 15 世紀到 21 世紀，面對面地教我怎麼用 Zoom，說我一定能藉由卡巴拉的四個世界把猶太神祕主義和複雜性連結起來。如果沒有他們傳授的這些知識，這本書不可能完成。

在這段期間,「邁進意識科學」(Toward a Science of Consciousness)會議的 Deepak Chopra,以及「哲人與科學家」(Sages and Scientists)年度會議的其他來賓,還有「科學與非二元性」(SAND)年度研討會中熱心的與會者,都協助我拓展各個方面和領域的視野,讓我在面對心胸寬廣、熱情友好的聽眾之前練習和精進我的觀點。在這些新的嘗試中,我的外甥女婿 Chaz Firestone 開啟了意識研究語言的大門,為我指引需要的資源,協助我自己思考。

具體說來,當這本書撰寫過程中出現各種曲折轉變時,有更多鼓勵來自聖地牙哥市中心/海灣旁希爾頓欣庭酒店的工作人員。他們的耐心接待協助我在一個月的短期休假中完成了初稿。聖地牙哥 Stay Classy Bike Rental 的彼得熱心幫忙,無論多麼困難,他都能理解和重視我的這次嘗試,在初稿到出版期間提供許多協助。感謝 Fascia World 的幾位新朋友和作者,包括 Joanne Avison、Laurie Nemetz、David Lesondak、John Sharkey,他們和我共享出書的喜悅,也一起感受其辛苦。給 Randy Coyote:你如此熟門熟路,無論在

致謝

身邊或在遠處都全力協助我。

　　我在日常臨床和學術工作之餘撰寫這本書時，紐約大學朗格健康中心病理部，尤其是胃腸肝膽病理團隊的同事，都十分親切地提供支持。Iannis Aifantis、Joan Cangiarella 和 Wenqing (Wendy) Cao 尤其慷慨地滿足我各種需求，以便專心撰寫這本書。同樣地，我的表哥 Randi Altschul，Pop Test/Palisades Therapeutics 公司執行長，提供空間和時間，讓我專心撰寫。許多朋友和家人提供靈感和鼓勵，在撰寫過程中持續支持我。人數太多無法一一列舉，但你們都很清楚我對你的感謝。

　　最後是我先生 Mark Owen，他是我感到疲憊時的精神支柱，是我身體或心理遠離家庭時的歸屬，是我們在一起三十五年來（從他在「新意」書店賣給我那本要送給我母親的書算起）每次改變的重要基礎。他是見證人、鼓勵大師、有智慧的顧問，終極品味權威人士、單靠自己的實力成為勇敢的探險者，還有愛。沒有他，我的成年生活和這本書都無法安心存在。從我們認識的那一刻起，他一直是我和我的大家庭的福

星,那一天正是愛因斯坦一百零八歲的誕辰。

向各位深深一鞠躬!

資料來源

第二章

1. Benoit B. Mandelbrot, Les objets fractals: *Forme, hasard et dimension* (Paris: Flammarion, 1975).
2. M. Mitchell Waldrop, *Complexity: The Emerging Science at the Edge of Order and Chaos* (New York: Simon & Schuster, 1992), 202.
3. Waldrop, *Complexity*, 203.
4. Martin Gardner, "The Fantastic Combinations of John Conway's New Solitaire Game 'Life,'" Mathematical Games, *Scientific American* 223, no. 10 (October 1970): 120–3, http://dx.doi.org/10.1038/scientificamerican1070-120.
5. Waldrop, *Complexity*, 208.
6. Waldrop, *Complexity*, 203.
7. Waldrop, *Complexity*, 203.
8. Waldrop, *Complexity*, 213.
9. Christopher G. Langton, "Studying Artificial Life with

Cellular Automata," *Physica D: Nonlinear Phenomena* 22, no. 1–3 (October–November 1986): 120, https://doi.org/10.1016/0167-2789(86)90237-X.
10. Stephen Wolfram, *A New Kind of Science* (Champaign, Illinois: Wolfram Media, 2002).
11. Roger Lewin, *Complexity: Life at the Edge of Chaos* (New York: Macmillan, 1992), 51.
12. Langton, "Studying Artificial Life," 129.
13. Norman H. Packard, "Adaptation toward the Edge of Chaos," in *Dynamic Patterns in Complex Systems*, ed. J. A. S. Kelso, A. J. Mandell, and M. F. Shlesinger (Singapore: World Scientific, 1988), 293–301.
14. Lewin, *Complexity*, 139.
15. Stuart A. Kauffman, *The Origins of Order: Self-Organization and Selection in Evolution* (New York: Oxford University Press, 1993).
16. Stuart A. Kauffman, At *Home in the Universe: The Search for Laws of Self-Organization and Complexity* (New York: Oxford University Press, 1995).
17. Kauffman, At *Home in the Universe*.

第三章

1. Mark d'Inverno, Neil D. Theise, and Jane Prophet, "Mathematical Modeling of Stem Cells: A Complexity Primer for the Stem-Cell Biologist," in *Tissue Stem Cells,* 2nd ed., ed.

Christopher S. Potten et al. (New York: Taylor and Francis, 2006), 1–15.
2. Kauffman, *At Home in the Universe.*

第四章

1. K. A. Dill-McFarland, Z. Z. Tang, J. H. Kemis, J. H. et al. "Close Social Relationships Correlate with Human Gut Microbiota Composition." *Scientific Reports* 9, no. 703 (2019).
2. Dill-McFarland, K.A., Tang, ZZ., Kemis, J.H. et al. "Close social relationships correlate with human gut microbiota composition." *Sci Rep* 9, 703 (2019).
3. I. L. Brito, T. Gurry, S. Zhao et al, "Transmission of Human-Associated Microbiota along Family and Social Networks," *Nature Microbiology* 4 (2019), 964–71.
4. S. J. Song, C. Lauber, E. K. Costello, C. A. Lozupone, G. Humphrey, D. Berg-Lyons, et al, "Cohabiting Family Members Share Microbiota with One Another and with Their Dogs," *Elife* (April 16, 2013), https://doi.org/10.7554/eLife.00458.

第五章

1. Neil D. Theise, "Now You See It, Now You Don't," *Nature* 435, no. 7046 (June 2005): 1165, https://doi.org/10.1038/4351165a.
2. George K. Michalopoulos, Markus Grompe, and Neil D.

Theise, "Assessing the Potential of Induced Liver Regeneration," *Nature Medicine* 19, no. 9 (September 2013): 1096–7, https://doi.org/10.1038/nm.3325.

第六章

1. James E. Lovelock, "Gaia as Seen through the Atmosphere," *Atmospheric Environment* 6, no. 8 (August 1972): 579–80, https://doi.org/10.1016/0004-6981(72)90076-5.

第七章

1. Albert Einstein to Max Born, December 4, 1926, in *The Born-Einstein Letters 1916–1955: Friendship, Politics, and Physics in Uncertain Times*, ed. Max Born, trans. Irene Born (New York: Macmillan, 1971), 88.
2. Albert Einstein to Max Born, March 3, 1947, in *The Born-Einstein Letters 1916–1955: Friendship, Politics, and Physics in Uncertain Times*, ed. Max Born, trans. Irene Born (New York: Macmillan, 1971), 155.
3. Richard Feynman, *The Character of Physical Law* (Cambridge, Massachusetts: MIT Press, 1965), 129.
4. Erwin Schrödinger to Albert Einstein, August 19, 1935, quoted in Arthur Fine, *The Shaky Game: Einstein, Realism, and the Quantum Theory*, 2nd ed. (Chicago: University of Chicago Press, 1986), 82.

5. J. W. N. Sullivan, "Interviews with Great Scientists: V.I.—Max Planck, "*The Observer* (London), January 25, 1931: 17.

第八章

1. John Archibald Wheeler, "Geons," *Physical Review* 97, no.2 (January1955): 511–36, https://doi.org/10.1103/PhysRev.97.511.
2. Richard Feynman, talk given at the University of Southern California, December 6, 1983, quoted in Timothy Ferris, *The Whole Shebang: A State-of-the-Universe(s) Report* (New York: Simon & Schuster, 1997), 97.
3. Arthur Koestler, *The Ghost in the Machine* (New York: Macmillan, 1967), 103.

第九章

1. David Chalmers, "Facing Up to the Problem of Consciousness," *Journal of Consciousness Studies* 2, no. 3 (1995): 200–19.
2. Neil D. Theise and Menas C. Kafatos, "Sentience Everywhere: Complexity Theory, Panpsychism and the Role of Sentience in Self-Organization of the Universe," *Journal of Consciousness Exploration and Research* 4, no. 4 (April 2013): 378–90.
3. Werner Heisenberg, *Das Naturgesetz und die Struktur der Materie* (1967), as translated in *Natural Law and the Structure of Matter* (London: Rebel Press, 1970), 34.

第十一章

1. Stephen Budiansky, Journey to *the Edge of Reason: The Life of Kurt Gödel* (New York: W. W. Norton, 2021), 47.
2. Budiansky, *Journey to the Edge*, 47.
3. Budiansky, *Journey to the Edge*, 47.
4. Budiansky, *Journey to the Edge*, 60.
5. James Gleick, *The Information: A History, a Theory, a Flood* (New York: Pantheon, 2011), 184.
6. Rudy Rucker, *Infinity and the Mind: The Science and Philosophy of the Infinite*, rev. ed. (Boston: Birkhäuser, 1982; Princeton, New Jersey: Princeton University Press, 1995), 169. Citation refers to the Princeton edition.
7. Kurt Gödel, "What Is Cantor's Continuum Problem?," in *Collected Works*, ed. Solomon Feferman et al, vol. 2, *Publications 1938–1974* (New York: Oxford University Press, 1990), 268.
8. Marcel Natkin to Kurt Gödel, June 27, 1931, quoted in Budiansky, *Journey to the Edge*, 131.
9. John von Neumann to Kurt Gödel, November 20, 1930, quoted in Budiansky, *Journey to the Edge*, 132.
10. John von Neumann, "Statement in Connection with the First Presentation of the Albert Einstein Award to Dr. K. Godel, March 14, 1951," Albert Einstein Faculty File, Institute for Advanced Study, https://hdl.handle.net/20.500.12111/2890.
11. Kurt Gödel to Ernest Nagel, March 14, 1957, quoted in Gleick, *The Information*, 207.

12. Oskar Morgenstern to Bruno Kreisky, October 25, 1965, quoted in Rebecca Goldstein, *Incompleteness: The Proof and Paradox of Kurt Gödel* (New York: W. W. Norton, 2005), 33.
13. Oskar Morgenstern, diary, Oskar Morgenstern Papers, David M. Rubenstein Rare Book and Manuscript Library, Duke University, quoted in Budiansky, *Journey to the Edge*, 218.
14. Freeman Dyson, From *Eros to Gaia* (New York: Pantheon, 1992), 161.
15. Kurt Gödel to Carl Seelig, September7, 1955, quoted in Budiansky, *Journey to the Edge*, 217.
16. Kurt Gödel to his mother, October 20, 1963, quoted in Goldstein, *Incompleteness*, 192.
17. Kurt Gödel to his mother, September 12, 1961, quoted in Budiansky, *Journey to the Edge*, 268.

第十二章

1. Paul Tillich, *Systematic Theology*, 3 vols. (Chicago: University of Chicago Press, 1951).
2. Neil D. Theise and Menas C. Kafatos, "Fundamental Awareness: A Framework for Integrating Science, Philosophy and Metaphysics," *Communicative and Integrative Biology* 9, no. 3 (May 2016): e1155010. https://doi.org/101080/19420889.2016.1155010.
3. Hazrat Inayat Khan, Supplementary Papers, "Class for Mureeds 7," Hazrat Inayat Khan Study Database, https://www.hazrat-

inayat-khan.org/php/views.php?h1=46&h2=47&h3=3.
4. Theise and Kafatos, "Fundamental Awareness," e1155010.
5. Neil D. Theise, Goro Cato, and Menas C. Kafatos, "Gödel's Incompleteness Theorems, Complementarity, and Fundamental Awareness." In *Quantum and Consciousness Revisited*, eds. Menas C. Kafatos, Debashish Banerji, and Daniele S. Struppa (New Delhi, India: DK, forthcoming).

參考書目

Ayer, A. J. Language, *Truth and Logic*. London: Penguin Classics, 2001. First published in 1936 by Victor Gollancz (London).

Brockman, John. *The Third Culture: Beyond the Scientific Revolution*. New York: Touchstone, 1995.

Budiansky, Stephen. *Journey to the Edge of Reason: The Life of Kurt Gödel*. New York: W. W. Norton, 2021.

Bushell, William C., Erin L. Olivo, and Neil D. Theise, eds. "Longevity, Regeneration, and Optimal Health: Integrating Eastern and Western Perspectives." *Annals of the New York Academy of Sciences* 1172, no. 1 (August 2009).

Edmonds, David. *The Murder of Professor Schlick: The Rise and Fall of the Vienna Circle*. Princeton, New Jersey: Princeton University Press, 2020.

Einstein, Albert. *Autobiographical Notes*. 1949. In *Albert Einstein: PhilosopherScientist*, 3rd ed., eds. Paul Arthur Schilpp. La Salle, Illinois: Open Court, 1982.

Feynman, Richard. *The Character of Physical Law.* Cambridge, Massachusetts: MIT Press, 1965.

Gleick, James. *Chaos: Making a New Science.* New York: Penguin, 1988.

——. *The Information: A History, a Theory, a Flood.* New York: Pantheon, 2011.

Goldstein, Rebecca. *Incompleteness: The Proof and Paradox of Kurt Gödel.* New York: W. W. Norton, 2005.

Greene, Brian. *The Elegant Universe: Superstrings, Hidden Dimensions, and the Quest for the Ultimate Theory.* New York: Vintage, 2000.

Heisenberg, Werner. *Natural Law and the Structure of Matter.* London: Rebel Press, 1970. Originally published as *Das Naturgesetz und die Struktur der Materie* (Stuttgart: Belser-Presse, 1967).

Holt, Jim. *When Einstein Walked with Gödel: Excursions to the Edge of Thought.* New York: Farrar, Straus and Giroux, 2018.

Johnson, Steven. *Emergence: The Connected Lives of Ants, Brains, Cities, and Software.* New York: Scribner, 2001.

Kauffman, Stuart A. *At Home in the Universe: The Search for Laws of Self-Organization and Complexity.* New York: Oxford University Press, 1995.

Lewin, Roger. *Complexity: Life at the Edge of Chaos.* New York: Macmillan, 1992.

Rovelli, Carlo. *Seven Brief Lessons on Physics.* Translated by Simon Carnell and Erica Segre. New York: Riverhead, 2016.

Sigmund, Karl. *Exact Thinking in Demented Times: The Vienna Circle and the Epic Quest for the Foundations of Science*. New York: Basic Books, 2017.

Waldrop, M. Mitchell. *Complexity: The Emerging Science at the Edge of Order and Chaos*. New York: Simon & Schuster, 1992.

Wolfram, Stephen. *A New Kind of Science*. Champaign, Illinois: Wolfram Media, 2002.

複雜之美

延伸閱讀

和這些主題有關的書籍非常多,但以下是我覺得收穫最多的幾本。其中有些書籍的作者是我朋友,但所有作者都是我的老師。其中有幾本相當專業,但大多數的寫作目標是一般讀者。

複雜系統和生物學

Kauffman, Stuart A. *A World beyond Physics: The Emergence and Evolution of Life*. New York: Oxford University Press, 2019.

Oyama, Susan. *The Ontogeny of Information: Developmental Systems and Evolution*, 2nd ed. Durham, North Carolina: Duke University Press, 2000. First published in 1985 by Cambridge University Press (Cambridge, England).

複雜性的社會與文化意涵

Kauffman, Stuart A. *Humanity in a Creative Universe*. New York:

Oxford University Press, 2016.

―――. *Reinventing the Sacred: A New View of Science*, Reason, and Religion. New York: Basic Books, 2008.

Redekop, Vern Neufeld, and Gloria Neufeld Redekop, eds. *Awakening: Exploring Spirituality*, Emergent Creativity, and Reconciliation. Lanham, Maryland: Lexington Books, 2020.

―――. Transforming: Applying Spirituality, *Emergent Creativity, and Reconciliation*. Lanham, Maryland: Lexington Books, 2021.

物理學與哥德爾

Gamow, George. *Thirty Years That Shook Physics: The Story of Quantum Theory*. Garden City, New York: Doubleday, 1966.

Isaacson, Walter. *Einstein: His Life and Universe*. New York: Simon & Schuster, 2007.

Nagel, Ernest, and James R. Newman. *Gödel's Proof*, rev. ed. New York: New York University Press, 2001. First published in 1958.

意識：某些唯物論、泛心論和唯心論觀點

Chopra, Deepak, and Menas C. Kafatos. *You Are the Universe: Discovering Your Cosmic Self and Why It Matters*. New York: Harmony Books, 2017.

Hofstadter, Douglas R. Gödel, Escher, *Bach: An Eternal Golden Braid*. New York: Basic Books, 1999.

Kafatos, Menas C., and Robert Nadeau. *The Conscious Universe:*

延伸閱讀

Parts and Wholes in Physical Reality. New York: Springer, 2000.
Kastrup, Bernardo. *The Idea of the World: A Multi-disciplinary Argument for the Mental Nature of Reality*. Winchester, England: Iff Books, 2019.
———. *Why Materialism Is Baloney: How True Skeptics Know There Is No Death and Fathom Answers to Life*, the Universe, and Everything. Winchester, England: Iff Books, 2014.
Koch, Christof. *The Feeling of Life Itself: Why Consciousness Is Widespread but Can't Be Computed*. Cambridge, Massachusetts: MIT Press, 2019.
Maturana, Humberto R., and Francisco J. Varela. *Autopoiesis and Cognition: The Realization of the Living*. Dordrecht, Holland: D. Riedel Publishing Company, 1980.
Nadeau, Robert, and Menas C. Kafatos. *The Non-local Universe: The New Physics and Matters of the Mind*. New York: Oxford University Press, 1999.
Penrose, Roger. *Shadows of the Mind: A Search for the Missing Science of Consciousness*. Oxford, England: Oxford University Press, 1994.
Stapp, Henry P. *Mindful Universe: Quantum Mechanics and the Participating Observer*, 2nd ed. New York: Springer, 2011. First published in 2007.

靈性與神祕主義

Kafatos, Menas, and Thalia Kafatou. *Looking In, Seeing Out:*

Consciousness and Cosmos. Wheaton, Illinois: Quest Books, 1991.

Kapleau, Philip. *The Three Pillars of Zen: Teaching, Practice, and Enlightenment*. New York: Anchor Books, 2000. First published in 1965 by John Weatherhill (New York).

Matt, Daniel C. *The Essential Kabbalah: The Heart of Jewish Mysticism*. New York: HarperCollins, 1995.

O'Hara, Pat Enkyo. *A Little Bit of Zen: An Introduction to Zen Buddhism*. New York: Sterling Ethos, 2020.

———. *Most Intimate: A Zen Approach to Life's Challenges*. Boston: Shambhala, 2014.

Scholem, Gershom. *Kabbalah*. New York: Penguin, 1978. First published in 1974 by Keter (Jerusalem).

———. *Major Trends in Jewish Mysticism*. New York: Schocken Books, 1974. First published in 1941 by Schocken (Jerusalem).

■ ■ ■

以下是我以往發表過的論文（大多經過同儕審查）和與《複雜之美》中的主題有關的章節。

Theise, Neil D., and Diane S. Krause. "Suggestions for a New Paradigm of Cell Differentiative Potential." *Blood Cells, Molecules, and Diseases* 27, no. 3 (May 2001): 625–31. https://doi.org/10.1006/bcmd.2001.0425.

Theise, Neil D. "Science as Koan." *Tricycle: The Buddhist Review* 12, no. 3 (Spring 2003): 81.

延伸閱讀

Theise, Neil D., and Ian Wilmut. "Cell Plasticity: Flexible Arrangement." *Nature* 425, no. 6953 (September 2003): 21. https://doi.org/10.1038/425021a. Theise, Neil D. "Perspective: Stem Cells React! Cell Lineages as Complex Adaptive Systems." *Experimental Hematology* 32, no. 1 (January 2004): 25–7. https://doi.org/10.1016/j.exphem.2003.10.012.

Theise, Neil D. "Now You See It, Now You Don't." *Nature* 435, no. 7046 (May 2005): 1165. https://doi.org/10.1038/4351165a.

d'Inverno, Mark, Neil D. Theise, and Jane Prophet. "Mathematical Modeling of Stem Cells: A Complexity Primer for the Stem-Cell Biologist." In *Tissue Stem Cells*, 2nd ed., eds. Christopher S. Potten, Robert B. Clarke, James Wilson, and Andrew G. Renehan, 1–15. New York: Taylor and Francis, 2006.

Theise, Neil D. "Implications of 'Postmodern Biology' for Pathology: The Cell Doctrine." *Laboratory Investigation* 86, no. 4 (February 2006): 335–44. https://doi.org/10.1038/labinvest.3700401.

Theise, Neil D. "From the Bottom Up: Complexity, Emergence, and Buddhist Metaphysics." *Tricycle: The Buddhist Review* 15, no. 4 (Summer 2006): 24–6. Bushell, William C., Erin L. Olivo, and Neil D. Theise, eds. "Longevity, Regeneration, and Optimal Health: Integrating Eastern and Western Perspectives." Annals of the New York Academy of Sciences 1172, no. 1 (August 2009).

Theise, Neil D. "Beyond Cell Doctrine: Complexity Theory Informs Alternate Models of the Body for Cross–Cultural

Dialogue." *Annals of the New York Academy of Sciences* 1172, no. 1 (August 2009): 263–9. https://doi.org/10.1111/j.1749-6632.2009.04410.x.

Bushell, William C., and Neil D. Theise. "Toward a Unified Field of Study: Longevity, Regeneration, and Protection of Health through Meditation and Related Practices." *Annals of the New York Academy of Sciences* 1172, no. 1 (August 2009): 5–19. https://doi.org/10.1111/j.1749-6632.2009.04959.x.

Kuntsevich, Viktoriya, William C. Bushell, and Neil D. Theise. "Mechanisms of Yogic Practices in Health, Aging, and Disease." *Mount Sinai Journal of Medicine: A Journal of Translational and Personalized Medicine* 77, no. 5 (September/ October 2010): 559–69. https://doi.org/10.1002/msj.20214.

Theise, Neil D., and Menas C. Kafatos. "Sentience Everywhere: Complexity Theory, Panpsychism and the Role of Sentience in Self-Organization of the Universe." *Journal of Consciousness Exploration and Research* 4, no. 4 (April 2013): 378–90.

Theise, Neil D., and Menas C. Kafatos. "Complementarity in Biological Systems: A Complexity View." *Complexity* 18, no. 6 (July/August 2013): 11–20. https://doi.org/10.1002/cplx.21453.

Michalopoulos, George K., Markus Grompe, and Neil D. Theise. "Assessing the Potential of Induced Liver Regeneration." *Nature Medicine* 19, no. 9 (September 2013): 1096–97. https://doi.org/10.1038/nm.3325.

Kafatos, Menas C., Gaétan Chevalier, Deepak Chopra, John

延伸閱讀

Hubacher, Subhash Kak, and Neil D. Theise. "Biofield Science: Current Physics Perspectives." *Global Advances in Health and Medicine* 4, no. 1_suppl (January 2015): 25–34. https://doi.org/10.7453/gahmj.2015.011.suppl.

Theise, Neil D., and Menas C. Kafatos. "Fundamental Awareness: A Framework for Integrating Science, Philosophy and Metaphysics." *Communicative and Integrative Biology* 9, no. 3 (2016): e1155010. https://doi.org/10.1080/19420889.2016.1155010.

Theise, Neil D. "Fundamental Awareness: The Universe Twiddling Its Thumbs." In *On the Mystery of Being: Contemporary Insights on the Convergence of Science and Spirituality*, eds. Zaya Benazzo and Maurizio Benazzo, 86–90. Oakland, California: Non-Duality Press, 2019.

Theise, Neil D. "Microscopes and Mystics: A Response to Stuart Kauffman's Call to 'Re-enchantment.'" In *Awakening: Exploring Spirituality, Emergent Creativity, and Reconciliation*, eds. Vern Neufeld Redekop and Gloria Neufeld Redekop, 49–64. Lanham, Maryland: Lexington Books, 2020.

Theise, Neil D., with Catherine Twinn, Gloria Neufeld Redekop, and Lissane Yoannes. "Harnessing Principles of Complex Systems for Understanding and Modulating Social Structures." In *Transforming: Applying Spirituality, Emergent Creativity, and Reconciliation, eds.* Vern Neufeld Redekop and Gloria Neufeld Redekop, 377–94. Lanham, Maryland: Lexington Books, 2021.

Theise, Neil D. "Complexity Theory and Quantum-Like Qualities in Biology." In *Quantum and Consciousness Revisited*, eds. Menas C. Kafatos, Debashish Banerji, and Daniele S. Struppa, 288–312. New Delhi, India, 2023.

Theise, Neil D., Goro Cato, and Menas C. Kafatos. "Gödel's Incompleteness Theorems, Complementarity, and Fundamental Awareness." In *Quantum and Consciousness Revisited*, eds. Menas C. Kafatos, Debashish Banerji, and Daniele S. Struppa, 253–285. New Delhi, India: DK, 2023.

■ ■ ■

《複雜之美》源自我和「細胞小組」的合作成果。細胞小組成員包括：Peter Ride（策展人）、Jane Prophet（藝術家）、Mark d'Inverno（數學家）和 Rob Saunders（電腦科學家）。以下是我們這個小組的作品，或與我們小組有關的作品。

Prophet, Jane, and Mark d'Inverno. "Creative Conflict in Interdisciplinary Collaboration: Interpretation, Scale and Emergence." *Interaction: Systems, Theory and Practice*. Creativity and Cognition Studios (2004): 251–70.

d'Inverno, Mark, and Jane Prophet. "Modelling, Simulation and Visualisation of Stem Cell Behaviour" (2005).

d'Inverno, Mark, and Rob Saunders. "Agent-Based Modelling of Stem Cell Self-Organization in a Niche." In *Engineering Self-Organizing Systems*, eds. Sven A. Brueckner, Giovanna Di Marzo Serugendo, Anthony Karageorgos, and Radhika Nagpal,

52–68. Berlin: Springer-Verlag, 2005.

d'Inverno, Mark, Neil D. Theise, and Jane Prophet. "Mathematical Modeling of Stem Cells: A Complexity Primer for the Stem Cell Biologist." In *Tissue Stem Cells*, 2nd ed., eds. Christopher S. Potten, Robert B. Clarke, James Wilson, and Andrew G. Renehan, 1–15. New York: Taylor and Francis, 2006.

Prophet, Jane, and Mark d'Inverno. "Transdisciplinary Collaboration in 'CELL.'" In *Aesthetic Computing*, eds. Paul A. Fishwick, 186–96. Cambridge, Massachusetts: MIT Press, 2006.

d'Inverno, Mark, and Jane Prophet. "Multidisciplinary Investigation into Adult Stem Cell Behaviour." In *Transactions on Computational Systems Biology III*, eds. Corrado Priami, Emanuela Merelli, Pedro Pablo Gonzalez, and Andrea Omicini, 49–64. Berlin: Springer-Verlag, 2005.

Bird, Jon, Mark d'inverno, and Jane Prophet. "Net Work: An Interactive Artwork Designed Using an Interdisciplinary Performative Approach." *Digital Creativity* 18, no. 1 (2007): 11–23. https://doi.org/10.1080/14626260701252368.

d'Inverno, Mark, Paul Howells, Sara Montagna, Ingo Roeder, and Rob Saunders. "Agent-Based Modeling of Stem Cells." In *Multi-Agent Systems: Simulation and Applications*, eds. Adelinde M. Uhrmacher and Danny Weyns, 389–418. Boca Raton, Florida: CRC Press, 2009.

Prophet, Jane. "Model Ideas: From Stem Cell Simulation to Floating Art Work." *Leonardo* 44, no. 3 (June 2011): 262–3. https://doi.org/10.1162/LEON_a _00177.

d'Inverno, Mark, and Jane Prophet. "Designing Physical Artefacts from Computational Simulations and Building Computational Simulations of Physical Systems." In *Designing for the 21st Century: Interdisciplinary Questions and Insights*, eds. Tom Inns, 166–76. New York: Routledge, 2016. First published in 2007 by Gower Publishing (Aldershot, England).

圖片來源

Page 10: Srecko Dimitrijevic.

Page 11: Srecko Dimitrijevic.

Page 14: Beth Kessler.

Page 15: Jason Summers, "Asymmetric Wickstretcher w/ Time-Shifted Mirror-Symmetric Fencepost," May 3, 2005.

Page 26: Beth Kessler.

Page 27: Beth Kessler.

Page 37: Srecko Dimitrijevic.

Page 46: GJo, Wikimedia Commons, "Coat of Arms of Niels Bohr," used under CC BY-SA 3.0. Desaturated from original.

Page 47: Srecko Dimitrijevic.

Page 57: Beth Kessler.

Page 58: Beth Kessler.

Page 62: Beth Kessler.

Page 64: Beth Kessler.

Page 77: Beth Kessler.

Page 78: Beth Kessler.
Page 80: Beth Kessler.
Page 85: Beth Kessler.
Page 91: Beth Kessler.
Page 93: Beth Kessler.
Page 97: Jill Gregory. Reprinted from Neil D. Theise and Menas C. Kafatos, "Complementarity in Biological Systems: A Complexity View," *Complexity* 18, no. 6 (July/August 2013): 11–20. Rights obtained from John Wiley and Sons via Rightslink.

鷹之眼 27

複雜之美：連結、意識和存在的科學
Notes on Complexity: A Scientific Theory of Connection, Consciousness, and Being

作　　　者	尼爾・泰斯（Neil Theise）	
譯　　　者	甘錫安	
總 編 輯	成怡夏	
責 任 編 輯	陳宜蓁	
行 銷 總 監	蔡慧華	
封 面 設 計	井十二設計研究室	
內 頁 排 版	宸遠彩藝	
出　　　版	遠足文化事業有限公司 鷹出版	
發　　　行	遠足文化事業股份有限公司（讀書共和國出版集團）	
	231 新北市新店區民權路 108 之 2 號 9 樓	
客 服 信 箱	gusa0601@gmail.com	
電　　　話	02-22181417	
傳　　　真	02-86611891	
客 服 專 線	0800-221029	
法 律 顧 問	華洋法律事務所 蘇文生律師	
印　　　刷	成陽印刷股份有限公司	
初　　　版	2025 年 9 月	
定　　　價	460 元	
I S B N	978-626-7759-05-9	
	978-626-7759-01-1（EPUB）	
	978-626-7759-02-8（PDF）	

© Neil Theise, 2023
International Rights Management: Susanna Lea Associates on behalf of Spiegel & Grau, LLC

◎版權所有，翻印必究。本書如有缺頁、破損、裝訂錯誤，請寄回更換
◎歡迎團體訂購，另有優惠。請電洽業務部（02）22181417 分機 1124
◎本書言論內容，不代表本公司／出版集團之立場或意見，文責由作者自行承擔

國家圖書館出版品預行編目 (CIP) 資料

複雜之美：連結、意識和存在的科學 / 尼爾. 泰斯 (Neil Theise)
作 ; 甘錫安譯. -- 初版. -- 新北市 : 鷹出版 : 遠足文化事業股
份有限公司發行, 2025.09
　　面；　公分 . -- (鷹之眼 ; 27)
　譯自：Notes on complexity : a scientific theory of connection,
　　consciousness, and being.
ISBN 978-626-7759-05-9(平裝)
1. CST: 科學哲學　2.CST: 形上學

301　　　　　　　　　　　　　　　　　　　114009130